周　期　表

10	11	12	13	14	15	16	17	18
								₂He 4.003 ヘリウム
			₅B 10.811 ホウ素	₆C 12.011 炭素	₇N 14.007 窒素	₈O 15.999 酸素	₉F 18.998 フッ素	₁₀Ne 20.180 ネオン
			₁₃Al 26.982 アルミニウム	₁₄Si 28.086 ケイ素	₁₅P 30.974 リン	₁₆S 32.065 硫黄	₁₇Cl 35.453 塩素	₁₈Ar 39.948 アルゴン
₂₈Ni 58.693 ニッケル	₂₉Cu 63.546 銅	₃₀Zn 65.39 亜鉛	₃₁Ga 69.723 ガリウム	₃₂Ge 72.64 ゲルマニウム	₃₃As 74.922 ヒ素	₃₄Se 78.96 セレン	₃₅Br 79.904 臭素	₃₆Kr 83.80 クリプトン
₄₆Pd 106.42 パラジウム	₄₇Ag 107.87 銀	₄₈Cd 112.41 カドミウム	₄₉In 114.82 インジウム	₅₀Sn 118.71 スズ	₅₁Sb 121.76 アンチモン	₅₂Te 127.60 テルル	₅₃I 126.90 ヨウ素	₅₄Xe 131.29 キセノン
₇₈Pt 195.08 白金	₇₉Au 196.97 金	₈₀Hg 200.59 水銀	₈₁Tl 204.38 タリウム	₈₂Pb 207.2 鉛	₈₃Bi 208.98 ビスマス	₈₄Po (210) ポロニウム	₈₅At (210) アスタチン	₈₆Rn (222) ラドン

₆₃Eu 151.96 ユウロピウム	₆₄Gd 157.25 ガドリニウム	₆₅Tb 158.93 テルビウム	₆₆Dy 162.50 ジスプロシウム	₆₇Ho 164.93 ホルミウム	₆₈Er 167.26 エルビウム	₆₉Tm 168.93 ツリウム	₇₀Yb 173.04 イッテルビウム	₇₁Lu 174.97 ルテチウム
₉₅Am (243) アメリシウム	₉₆Cm (247) キュリウム	₉₇Bk (247) バークリウム	₉₈Cf (252) カリホルニウム	₉₉Es (252) アインスタイニウム	₁₀₀Fm (257) フェルミウム	₁₀₁Md (258) メンデレビウム	₁₀₂No (259) ノーベリウム	₁₀₃Lr (262) ローレンシウム

日本化学会編　化学者のための基礎講座 6

化学ラボガイド

渡辺　正

編著

朝倉書店

企画委員

東京大学名誉教授	白石　振作
東京大学大学院新領域創成科学研究科 先端生命科学研究科教授	西郷　和彦
東京大学生産技術研究所教授	渡辺　正

執筆者

(株)東京化成工業	高野　虞美子
東京大学大学院農学生命科学研究科 応用生命化学専攻教授	北原　武
(株)住友化学工業	木下　義晴
信州大学繊維学部機能高分子学科助教授	太田　和親
東京大学生産技術研究所助教授	工藤　一秋
東京大学生産技術研究所教授	荒木　孝二
東京大学生産技術研究所助手	務台　俊樹
武蔵大学人文学部教授	薬袋　佳孝
横浜国立大学大学院工学研究院 機能の創生部門教授	榊原　和久
東京大学生産技術研究所助手	山川　哲
東京大学大学院新領域創成科学研究科 先端生命科学研究科教授	西郷　和彦
東京大学生産技術研究所教授	渡辺　正
横浜国立大学大学院工学研究院 機能の創生部門教授	渡辺　正義
東京都立大学大学院工学研究科 応用化学専攻教授	保母　敏行
東京都立大学大学院工学研究科 応用化学専攻助手	中釜　達朗
埼玉大学工学部応用化学科教授	時田　澄男
東京商船大学商船学部 流通管理工学講座助教授	馬場　凉

『化学者のための基礎講座』刊行の趣旨

　なにごとも，学ぶ段階が上がるほどに深みと広がりを増す．化学の習得も例外ではない．高校や大学初年次では，物理化学，無機化学，有機化学というふうなタテ割りの形で基礎知識と考えかたを身につける．やがて卒業論文や修士論文の研究に手を染める時期ともなれば，タテ割りで身につけたことがらを複合化する作業が加わるし，ときには物理学やエレクトロニクス，生物学など異分野の考えかたも必要になってくる．タテ割りから領域横断型・分野横断型へ学びかたが進化する，といってもよいだろう．

　本講座は，化学研究にかかわるそういう横断型のトピックスを解説した15の巻から構成される．読者層としては，これから研究生活に入る学部学生諸君，研究の深化・展開を図ろうとする大学院生や企業研究者・技術者諸氏，また大学や高校の化学教師各位など，欲ばってかなり広い範囲の方々を想定した．基礎だけでなく一部ホットな話題も含み，また実験ガイドの巻もあったりして「顔の統一」にはやや欠けるが，いずれも研究の現場で役立つ手ごろな教科書・参考書になると信じている．

　どんな学問分野も領域も，それぞれの歴史と発想と言語を，ひとことでいえば固有の文化をもつ．地元の人は一瞬のうちにわかり合えても，ビジターには通じにくい方言がある．方言だらけでかまわない専門書とちがって，新しい分野に入ろうとする人にとってもわかりやすい参考書であるならば，まずは言語をていねいに理解させようという姿勢が欠かせない．分野間・領域間の壁をなるべく作らないようなトーンで基礎をわかりやすく記述していただきたい，と執筆者各位にはお願いした．そうなっているかどうかは，読者のご批判にまつ．

　　　　　　　　　　　　　　　　　　　企画委員　白石振作
　　　　　　　　　　　　　　　　　　　　　　　　西郷和彦
　　　　　　　　　　　　　　　　　　　　　　　　渡辺　正

はじめに

　純粋な理論研究を別にすると，化学ではおもに実験の結果とその解釈が新しい地平を切り拓いてくれる．

　実験を計画するときも，とりかかったあとも，進めかたについてあれこれ調べる場面がたいへん多い．過去の研究例はどのようにして探すか？……試薬の純度は信用できるのか，自分で精製するにはどうしたらいいか？……この有機溶媒は水とどれくらい混ざり合うのか，毒性はどれほどなのか，水を除くにはどうすればいいか？……反応系を手軽に加熱する方法，冷やす方法は？……新しく合成した物質の融点とか電子授受能はどうやって測るか？……反応でできた混合物をうまく分けるには？……などなど．ときには酸や塩基が主役を演じる実験もあり，放射性同位体の使用を避けて通れない実験もある．

　また，実験結果をきちんと読み解くうえでは，測定誤差の考察をもとに信頼性を確かめる……データを速度式に当てはめて速度定数をはじき出す……原子・イオンのサイズや結合距離をもとに考える……光学活性を物語るスペクトルから分子の立体構造を明るみに出す……ボルタモグラムから肝心のパラメーターの値をつきとめる……分子の理論計算をしてみて実測結果とつき合わせる……といった作業が必要になったりする．そのとき物理量の単位をまちがえてはいけないし，実験の種類によっては物理定数や熱力学データなども総動員しながら解析を進めることになる．

　そうした情報は，いろいろな実験書やデータ集，便覧類に載っている．とはいえ，何かあるたびに書店や図書館まで出向き，本を何冊も買ったり読んだりするのはわずらわしい．手ごろな1冊の本にまとめてあったらずいぶん楽になる．もちろんあらゆる種類の実験研究をカバーできるはずはないし，事項それぞれのボリュームも限らざるをえないけれど，なるべく幅広いトピックスの基本事項を盛った本が手元にあれば，調べにかける手間ヒマがそれなりに節約でき，実験研究もスムースに運ぶにちがいない．

　本書『化学ラボガイド』はこういう発想のもとに企画し，順に高野（1章），

北原・木下（2章），太田（3章），工藤（4・5章），荒木・務台（6章），薬袋（7章），榊原（8章），山川（9章），西郷（10章），渡辺　正・渡辺正義（11章），保母・中釜（12章），時田（13・14章），馬場（15章）がそれぞれの得意なトピックスを執筆したうえ，最後に全体を渡辺　正がとりまとめた．

　本書が——たとえ座右の書とまではいかなくとも——実験の助っ人となって，なにか化学の新しい発見につながるなら，執筆者一同の喜びこれに過ぎるものはない．

　　2001年10月

　　　　　　　　　　　　　　　　　　　　　　　執筆者を代表して　渡辺　正

目　　次

1. 試薬の純度と濃度の表示 ……………………………………… 1
   1.1 いろいろな純度とその表示 …………………………… 1
   1.2 濃度の表示 ………………………………………………… 5
   1.3 試薬カタログの純度表示 ………………………………… 5

2. 主要な有機溶媒 ………………………………………………… 7
   2.1 溶媒の精製法 ……………………………………………… 7
   2.2 有機溶媒の極性指標 …………………………………… 26
   2.3 共沸混合系 ……………………………………………… 30

3. 固体の融点 …………………………………………………… 32
   3.1 融点測定器による固体の融点の測定 ………………… 32
      3.1.1 シリコーン油浴型融点測定器による測定 ……… 33
      3.1.2 偏光顕微鏡型融点測定器による測定 …………… 34
      3.1.3 融点測定用標準物質 ……………………………… 35
   3.2 多形現象と融点 ………………………………………… 35
      3.2.1 結晶多形と融点 …………………………………… 35
      3.2.2 1次相転移と2次相転移 ………………………… 36
      3.2.3 相図 ………………………………………………… 38
      3.2.4 二重融解挙動 ……………………………………… 38
      3.2.5 二重融解挙動を体験できる標準物質 …………… 41
   3.3 結晶多形と共融点 ……………………………………… 41
      3.3.1 多形をともなう2成分系の相図：
             複数の共融点が観測される原因1 ……………… 41
      3.3.2 付加化合物（分子間化合物）を形成する2成分系の相図：
             複数の共融点が観測される原因2 ……………… 44

3.4 溶液相転移と準安定多形の作り方 …………………………… 44
　　3.4.1 溶液相転移 ……………………………………………… 44
　　3.4.2 準安定多形の作り方 …………………………………… 45
3.5 2つの試料が同一化合物の多形かどうかの確認法…………… 46

4. 冷却・加熱 …………………………………………………………… 48
4.1 氷浴冷却浴 …………………………………………………… 48
4.2 ドライアイス・液体窒素冷却浴 …………………………… 48
4.3 加熱浴 ………………………………………………………… 50

5. 乾　　燥 ……………………………………………………………… 52
5.1 液体の乾燥法と乾燥剤 ……………………………………… 52
　　5.1.1 液体の乾燥法 …………………………………………… 52
　　5.1.2 乾燥剤 …………………………………………………… 53
5.2 デシケーター用乾燥剤と乾燥能力（固体の乾燥法）……… 54
5.3 気体の乾燥法 ………………………………………………… 55
5.4 モレキュラーシーブ ………………………………………… 56

6. 酸・塩　基 …………………………………………………………… 57
6.1 有機化合物と無機化合物の酸・塩基強度 ………………… 57
6.2 超強酸・超強塩基 …………………………………………… 59
6.3 緩衝液 ………………………………………………………… 63
6.4 溶解度 ………………………………………………………… 63

7. 元素の同位体 ………………………………………………………… 64
7.1 密封線源用放射性同位体 …………………………………… 65
7.2 市販の重水素溶媒と保存取扱法 …………………………… 66
7.3 市販の安定同位体化合物 …………………………………… 67

8. 化学結合 ……………………………………………………………… 69
8.1 ファンデルワールス半径とイオン半径 …………………… 69

8.2　原子間距離と原子価角 …………………………………… 71
　　8.3　結合の引っ張りばね定数と原子価角の曲げばね定数 ……… 74
　　8.4　回転の障壁エネルギー ……………………………………… 75
　　8.5　結合や環の歪エネルギー …………………………………… 76
　　8.6　結合や原子団の双極子モーメント ………………………… 77
　　8.7　芳香族性と共鳴エネルギーおよび非局在化エネルギー …… 79

9. 反応速度論 ……………………………………………………… 81
　　9.1　反応速度式 …………………………………………………… 81
　　9.2　アレニウスの式 ……………………………………………… 85
　　9.3　アイリングの式 ……………………………………………… 87
　　9.4　拡散律速速度式 ……………………………………………… 89
　　9.5　ハメットの式とハメット定数 ……………………………… 91
　　9.6　同位体効果 …………………………………………………… 93

10. 光化学と光学活性 ……………………………………………… 97
　　10.1　ジャブロンスキーエネルギー状態図 ……………………… 97
　　　　10.1.1　ジャブロンスキーエネルギー状態図 ………………… 97
　　　　10.1.2　量子収率 ………………………………………………… 98
　　10.2　一重項および三重項増感剤 ………………………………… 99
　　　　10.2.1　一重項増感剤 …………………………………………… 99
　　　　10.2.2　三重項増感剤 …………………………………………… 99
　　　　10.2.3　増感剤の選択 …………………………………………… 101
　　　　10.2.4　増感剤一覧表 …………………………………………… 101
　　10.3　光学活性表示と旋光度測定 ………………………………… 101
　　　　10.3.1　光学活性体の表示法 …………………………………… 101
　　　　10.3.2　旋光度測定 ……………………………………………… 105

11. 電　気　化　学 ………………………………………………… 109
　　11.1　はじめに ……………………………………………………… 109
　　11.2　標準電極電位 ………………………………………………… 109

11.2.1	電極電位	109
11.2.2	基準電極	110
11.2.3	電極を3本使う計測	111
11.2.4	標準電極電位 $E°$	111
11.2.5	$E°$ データの活用	112
11.2.6	式量電位	115
11.2.7	ネルンストの式	115
11.3	ボルタンメトリー	116
11.3.1	装置・溶液	117
11.3.2	バックグラウンド測定	118
11.3.3	反応物の測定	119
11.3.4	ボルタモグラムの解剖	119
11.3.5	ボルタモグラムから得られる情報	121
11.3.6	実例：フェロセンのボルタンメトリー	121

12. クロマトグラフィー ... 124

12.1	カラムクロマトグラフィー用充填剤（保持力調整法）	124
12.2	移動層と溶出力	128
12.3	HPLC 充填カラム一覧	130
12.4	HPLC 移動相用溶媒と選択法	132
12.5	SEC と分子量標準物質	133

13. 計 算 化 学 ... 136

13.1	分子軌道法の分類	136
13.2	分子軌道法関連ソフトウェア	139
13.3	PPP 分子軌道法プログラム（PPP-PC Ver. 2.0）の使い方	142
13.3.1	プログラムのインストール	143
13.3.2	開始画面	144
13.3.3	分子骨格の入力	144
13.3.4	置換基の導入	149
13.3.5	座標ファイルの保存	150

13.3.6　計算用ファイルの作成と保存 …………………………………… 150
　　　13.3.7　PPP 分子軌道法計算の実行 …………………………………… 154
　　　13.3.8　計算結果の図示 …………………………………………………… 160

14. 化学研究用データをどう探すか …………………………………………… 161
　14.1　原点は個々の研究者のデータ整理 ………………………………………… 161
　14.2　情報の種類 ……………………………………………………………………… 162
　14.3　3次情報の調べ方 ……………………………………………………………… 162
　14.4　2次情報の調べ方 ……………………………………………………………… 163
　14.5　1次情報の調べ方 ……………………………………………………………… 163

15. 実験データの統計処理 ……………………………………………………… 165
　15.1　実験データはどのように表示すべきか …………………………………… 165
　　　15.1.1　計測結果の数値による表し方と誤差 ……………………………… 165
　　　15.1.2　誤差の種類と実験データの扱い方 ………………………………… 167
　15.2　測定データの誤差解析 ……………………………………………………… 170
　　　15.2.1　最良推定値と偶然誤差の推定 ……………………………………… 170
　　　15.2.2　誤差の伝播 …………………………………………………………… 173
　　　15.2.3　エラーバーはどのようにつけたらよいか ………………………… 176
　15.3　統計的手法によるデータ解析と実験計画 ………………………………… 178
　　　15.3.1　統計手法によるデータ整理 ………………………………………… 179
　　　15.3.2　誤差解析と実験計画 ………………………………………………… 181

索　　引 ……………………………………………………………………………… 183

1. 試薬の純度と濃度の表示

1.1 いろいろな純度とその表示

JIS K 8001（試薬試験方法通則）では「純度」を"試薬においてそのものを構成する物質の含有率"と規定している．必要な場合は，純度（乾燥後），純度（乾燥物換算），純度（無水物換算），純度（GC），純度（HPLC）などのように，試験条件や試験方法などをカッコ書きで添える．それらの例を以下に示す．

(1) 純度（乾燥後）

規定の条件で乾燥した試料について測定する純度．

例1．ヨウ化カリウム（よう化カリウム）純度（乾燥後）：99.5％以上

110 ℃で2時間乾燥した試料を水に溶かし，塩酸とクロロホルムを加え，0.05 mol L^{-1} ヨウ素酸カリウム（よう素酸カリウム）溶液で滴定した結果が，99.5％以上であることを表す．

例2．炭酸水素ナトリウム　純度（乾燥後）：特級　　　　　99.5～100.3％
　　　　　　　　　　　　　　　　　　　　　pH標準液用　99.7～100.0％

デシケーター中で3時間乾燥した試料を，0.5 mol L^{-1} 塩酸で中和滴定し，それぞれ99.5～100.3％，99.7～100.0％であることを表す．

純度試験項目では，"規格値として適合下限だけを規定している場合には，その適合上限は，101％または［100＋(100−規格値)］％のいずれか小さい方とする"と規定している．そのため例1の場合は 100＋(100−99.5) ＝ 100.5 となる．99.5％以上の上限はどこまでも許されるのではなく，99.5～100.5％に入らなければならない．例2の場合，特級試薬に要求される上限は100.5％より厳しい100.3％となり，pH標準液用については100.3％より厳しい100.0％となる．

(2) 純度（乾燥物換算）

測定は試料を乾燥せずに行い，別に求めた水分の値から試料量を乾燥物量に換算して求める純度．

例1．メチレンブルー　純度（乾燥物換算）：98.5％以上

加熱をすると品質が劣化する心配があるため乾燥減量（105℃）を別に行い，未乾燥試料を重量法で測定し，乾燥物に換算する．

例2．塩化2,3,5-トリフェニル-2H-テトラゾリウム　純度（乾燥物換算）：98.0〜102.0％

乾燥物換算とする理由は例1に同じ．乾燥減量分が水でない場合もある．

(3) 純度（無水物換算）

測定は試料を乾燥せずに行い，別に求めた水分の値から試料量を無水物量に換算して求める純度．

例1．ブルシンn水和物　純度（無水物換算）：99.0％以上

水分は9.5％以下と規定しているが，市販品は二水和物に近いものが多い．熱に弱く，カールフィッシャー法で容易に水分が測定できる物質に使われる．

例2．N-2-ナフチルエチレンジアミン二塩酸塩　純度（無水物換算）：97.0％以上

水分は5.0％以下と規定しているが，市販品にはメタノールを含むものがある．

(4) 純度（GC）

ガスクロマトグラフを用い，規定の分析条件で展開した試料成分につき，面積百分率法または補正面積百分率法によって測定する純度．

不純物が何かを特定できないと補正面積百分率法は使えないため，面積百分率法を使う場合が多い．面積百分率法では，クロマトグラムに現れた各成分のピーク面積を測定し，面積の総和を100としたときの注目成分のピーク面積比率を計算する．したがって，面積百分率法による純度は100％を超えることはない．純度（GC）を使う例は極めて多く，有機溶剤や有機試薬の類に幅広く適用されている．例として，やや特殊な品目を以下にあげておこう．

例1．キシレン　純度（o-, m-, p-キシレンの合量）（GC）：80％以上

市販品は普通，o-キシレン，m-キシレン，p-キシレン，エチルベンゼンなどの混合物になっている．それぞれのキシレン異性体とエチルベンゼンは純度

99.0％以上の試薬として入手できるから，相対感度を求めたのち補正面積百分率法で $o-$, $m-$, $p-$キシレンの総量を計算している．成分どうしの分離をよくするために 5〜6 m の長いカラムを使う．

例 2. D (+)-グルコース　純度（α 形 + β 形）(GC)：特級 98.0％以上

揮発性のないグルコースはそのままでは分析できないので，トリメチルシリル (TMS) 誘導体にしてから注入する．TMS 化されないような不純物が入っていても無視し，TMS 化剤や溶媒ピークを除く部分に面積百分率法を適用して計算する．

なお，D (+)-グルコースにはこのほか JIS K 9809 に規定された生化学試薬があって，純度 99.5％以上とされている．この場合，純度の測定は，GC ではなく HPLC に供し，その他の糖類の含有率と乾燥減量を 100％から差し引いて求める．

例 3. 1-ナフトール　純度 (GC)：99.0％以上

2-ナフトールやナフタレンなどと分離するため，$N, O-$ビス（トリメチルシリル）アセトアミドで TMS 化したのち，キャピラリーカラム GC にかける．純度の計算では例 2 と同様，TMS 化されないナフタレンなどは無視し，面積百分率法を適用する．

例 4. ステアリン酸　純度 (GC)：95.0％以上

ジアゾメタンでステアリン酸メチルに誘導体化したのち GC に注入し，例 2，例 3 と同様，誘導体化しているか否かにかかわらず面積百分率法を適用する．かりに不純物としてステアリン酸メチルが 10％ほど混入しても純度に加算されるおそれがある．GC は，パルミチン酸など他の脂肪酸が含まれるかどうかを確認する手段の 1 つとみる．純度を補足するため，「酸価 195〜200」の規定が設けてある．酸価とは，試料 1 g に含まれる脂肪酸などを中和するのに必要な水酸化カリウムの mg 数で，ステアリン酸の理論値は 197.2 となる．

(5) 純度 (HPLC)

高速液体クロマトグラフィー (HPLC) では，ガスクロマトグラフィー用の検出器である水素炎イオン化検出器 (FID) や熱伝導度検出器 (TCD) の感度の差に比べ，検出器による成分間の感度差が大きいため，原則として面積百分率法は用いないことになっているが，やむなく面積百分率法を適用している例もある．

例 1. (+)-シンコニン塩酸塩 n 水和物　純度 (HPLC)：83％以上

流通品は，ジヒドロシンコニン（推定）を不純物としてかなり含む．しかし相対感度測定用のジヒドロシンコニンなどが入手しにくいため，やむをえず面積百分率法を使う．

例2．ジフェニルカルバゾン　純度（HPLC）：60％以上

ジフェニルカルバゾン（$C_6H_5NHNHCON:NC_6H_5$）は，昔から $C_6H_5NHN-HCONHNHC_6H_5$（ジフェニルカルバジド）との混合物を Hg などの検出試薬に使用している．なお JIS には規定されていないが，純度（HPLC）98％以上の高価な市販品があり，微量のハロゲン化物を水銀（Ⅱ）塩溶液で滴定するときの優れた指示薬として使われる．

(6) 純度（密度による）

次の2種類に採用され，密度（20℃）を測定し，密度と純度の関係表に従って純度が求められる．

例1．エタノール（99.5）　純度（密度による）：特級　99.5 vol％以上
　　　　　　　　　　　　　　　　　　　　　　　1級　99.5 vol％以上

なお国際規格（ISO）では，GC で 99.8％以上と規定している．

例2．エタノール（95）　純度（密度による）：特級　94.8〜95.8 vol％
　　　　　　　　　　　　　　　　　　　　　　1級　94.8〜95.8 vol％

(7) 純度（×××として）

×××としての純度を計算した値．

例1．メタリン酸（メタりん酸）　純度（HPO_3 として）：
　　　　　　　　　　　　　　　　　棒状の場合　32.0％以上
　　　　　　　　　　　　　　　　　塊状の場合　37.0％以上

メタリン酸ナトリウムを加えて棒状または塊状に成形しているため，純度は低くなっている．

例2．亜硫酸水素ナトリウム　純度（SO_2 として）：64.0〜67.4％

普通は亜硫酸水素ナトリウム（$NaHSO_3$）と二亜硫酸ナトリウム（$Na_2S_2O_5$）の混合物だから，SO_2 として表示する．

例3．二硫酸カリウム　純度（$K_2S_2O_7$ として）：98.0％以上

混在している硫酸水素カリウム（$KHSO_4$）も含めて $K_2S_2O_7$ として測定する．

1.2 濃度の表示

JIS K 8001 では,「濃度」を"液体試薬で主成分が溶媒に含まれていて,その規格値が 100 % より相当低いものの場合に,純度の代わりに用いる"と定めている.

(1) 1 種類だけの濃度を規定

例1. リン酸（りん酸） 濃度：85.0 % 以上

例2. ホルムアルデヒド液 濃度：36.0〜38.0 %

保存中にパラホルムアルデヒドが生じてくるため,安定剤として 5〜10 % のメタノールを加えてあることに注意したい.

(2) 2 種類以上の濃度を規定

例1. アンモニア水 濃度（28 % の場合）（NH_3）：28.0〜30.0 %
　　　　　　　　　　（25 % の場合）（NH_3）：25.0〜27.9 %

「（NH_3）」と入れるのは,NH_4OH として計算していないことを明示するため.

例2. ギ酸（ぎ酸） 濃度（密度約 1.21 g mL^{-1} の場合）：98.0 % 以上
　　　　　　　　　　（密度約 1.20 g mL^{-1} の場合）：88.0〜92.0 %

例3. 発煙硫酸 濃度（遊離 SO_3）：表示濃度以上で表示濃度との差は 3.0 % 以下

発煙硫酸は,組成が不定形の $H_2SO_4 \cdot xSO_3$ で表され,液体も固体もあるし,濃度も様々な流通品がある.

1.3 試薬カタログの純度表示

(1) 純度の表示

国内でも外国でも,試薬会社はカタログをそれぞれの方針で表示し,表記には＞98 %,99+ %,〜97 % などがある.

(2) 純度測定法の表示

スペース節約のため,普通は測定法を略号で示すことが多い.

容量分析法は,T,Ti などの場合と acidimetry,argentometry と詳しく書いているカタログもある.

ガスクロマトグラフィーは一般に,GC と略す.

高速液体クロマトグラフィーは HPLC, HLC, LC など.
重量分析法は W, Wt, G など.
吸光光度法は E, UV, UV-VIS など.
その他の方法も各種の略号で示すことが多いため, カタログ冒頭の説明をよく読み, 自分の用途, 目的に合うかどうか確かめてから入手する.

備考：本文中の試薬名と JIS 試薬名称が異なる場合は, カッコ内に JIS 試薬名称を示した.

文　献

1) JIS K 8001　試薬試験方法通則 (1998).
2) JIS K 8913　よう化カリウム (1996).
3) JIS K 8622　炭酸水素ナトリウム (1996).
4) JIS K 8897　メチレンブルー (1992).
5) JIS K 8214　塩化 2,3,5-トリフェニル-2H-テトラゾリウム (1994).
6) JIS K 8832　ブルシン n 水和物 (1996).
7) JIS K 8197　N-1-ナフチルエチレンジアミン二塩酸塩 (1996).
8) JIS K 8271　キシレン (1996).
9) JIS K 8824　D(+)-グルコース (1992).
10) JIS K 9809　生化学試薬-D(+)-グルコース (1996).
11) JIS K 8698　1-ナフトール (1995).
12) JIS K 8585　ステアリン酸 (1994).
13) JIS K 8194　(+)-シンコニン塩酸塩 n 水和物 (1994) (1995 年廃止).
14) JIS K 8489　ジフェニルカルバゾン (1994).
15) JIS K 8101　エタノール (99.5) (1994).
16) JIS K 8102　エタノール (95) (1994).
17) JIS K 8890　メタりん酸 (1995).
18) JIS K 8059　亜硫酸水素ナトリウム (1996).
19) JIS K 8783　二硫酸カリウム (1992).
20) JIS K 9005　りん酸 (1996).
21) JIS K 8872　ホルムアルデヒド液 (1994).
22) JIS K 8085　アンモニア水 (1995).
23) JIS K 8264　ぎ酸 (1992).
24) JIS K 8741　発煙硫酸 (1996).

2. 主要な有機溶媒

2.1 溶媒の精製法

a. 取扱い上の注意

有機溶媒はたいてい脂溶性が高く,接触で皮膚から,気化しやすいものは呼気からも体内に入り,脳・神経系,肝臓,腎臓などの器官に急性・慢性の毒性を示す.そのため,常用される有機溶媒のほとんどは,毒物および劇物取締法,労働安全衛生法などの法令で規制されている.また,大部分の有機溶媒は引火性だから,消防法で第4類危険物として規制されている.有機溶媒による中毒や火災を避けるためには,次のような注意が必要である.

① できるだけドラフト内で操作を行う.実験室の通風をよくし,溶媒蒸気(一般に空気より重い)が滞留しないようにする.

② 専用の手袋や防毒マスクを着用して皮膚との接触や呼気からの吸入を避けるとともに,使用後は,うがい,洗顔などを励行する.

③ 発火原因(静電気やスイッチによる火花,たばこの火など)となるものを身近に置かないようにする.

④ 万が一に備えて CO_2 消火器(ナトリウムのような禁水性物質が共存するときは不可)と粉末消火器を常備しておく.

主要な有機溶媒の性質を表2.1に示す.

b. 炭化水素溶媒

炭化水素溶媒は多くの場合,乾燥蒸留するだけでよい.吸湿性は小さく,光や空気に安定なものが多く,貯蔵にそれほど問題はない.

表 2.1　主要な有機溶媒の性質一覧表

溶媒名	ヘキサン	石油エーテル	シクロヘキサン
分子式または示性式	$CH_3(CH_2)_4CH_3$	$C_5H_{12}, C_6H_{14}, C_6H_{12}$	C_6H_{12}
分子量	86.18	N/A	84.09
CAS Registry No.	110-54-3	8032-32-4	110-82-7
工業的製法の例	ガソリン精留	ナフサ蒸留	ベンゼンへの水素添加
反応溶媒としての用途	有機リチウムを用いる反応，光化学反応	フリーデル-クラフツアシル化，遷移金属錯体合成	光化学反応，遷移金属錯体合成
その他の用途	有機物抽出，カラムクロマトグラフィー，TLC，HPLC，UV 測定	カラムクロマトグラフィー	UV スペクトル測定
融点/℃	95	N/A	6.6
沸点/℃	69	35～60	81
引火点/℃	-23	-46	-18
比重/g	0.7	0.62～0.67	0.78
屈折率 (20 ℃)	1.37486	1.360～1.380	1.42623
蒸気圧/mmHg (20 ℃)	150 (25 ℃)	N/A	121.6 (30 ℃)
蒸発熱/cal g^{-1}	80	N/A	85.14
粘度/cP (25 ℃)	0.307	N/A	0.8809
表面張力/dyn cm^{-1} (20 ℃)	18.4	N/A	24.98
水に対する溶解度/g/100 g H$_2$O	<0.1	<0.1	<0.1
log P	3.6	3.90～4.11	3.44
他の溶媒との混和性	メタノール（部分的），エタノール，炭化水素，脂肪酸	C$_2$ 以上のアルコール，アセトン，エーテル，酢酸エチル	メタノール，エーテル
危険性	急性毒性，引火性	急性毒性，引火性極めて大	急性毒性，引火性
人体への影響	高濃度の蒸気は麻酔性	高濃度の蒸気は麻酔性	蒸気は目粘膜に刺激性．高濃度では麻酔性，肝臓・腎臓障害
ラット経口 LD$_{50}$/mg	15 000	N/A	6 400
許容濃度/ppm	100	300	300
禁忌物質	酸化剤	酸化剤	酸化剤
備考		炭素数 5 および 6 の飽和炭化水素の混合物	

(表2.1続き)

ベンゼン	トルエン	混合キシレン	塩化メチレン
C_6H_6	C_7H_8	C_8H_{10}	CH_2Cl_2
78.11	92.14	106.17	84.93
71-43-2	108-88-3	1330-20-7	75-09-2
ナフサ分解・改質	ナフサ分解・改質	ナフサ分解・改質	メタンの塩素化
ディールス-アルダー反応, ラジカル重合, 放射線化学反応	DIBAL 還元, ルイス酸を用いる反応, アシロイン縮合, アニオン重合	アシロイン縮合, クライゼン縮合	ペプチド合成, スワーン酸化, ルイス酸を用いる反応, 電気化学反応, カチオン重合
カラムクロマトグラフィー, TLC, NMR	カラムクロマトグラフィー, TLC, GPC		カラムクロマトグラフィー, TLC, NMR
5.5	−95	N/A	−95
80	111	138〜145	40
−11	4.4	17〜25	N/A
0.95	0.87	0.86〜0.88	1.33
1.50112	1.49693	1.495〜1.505	1.42416
95 (25℃)	21.8	4.8〜6.5	350
96.12	86.06	81.07〜82.96	78.68
0.6028	0.5516	0.58〜075	0.43 (20℃)
28.88	28.53	28.31〜30.03	28.12
0.2	<0.1	<0.1	1.3
2.13	2.69	3.12〜3.20	1.25
ほとんどの有機溶剤	ほとんどの有機溶剤	ほとんどの有機溶剤	ほとんどの有機溶剤
急性毒性, 変異原性, 引火性 高濃度の蒸気吸引で頭痛, めまい. 低濃度, 長時間の暴露で血液, 肝臓障害. 経皮吸収性あり.	急性毒性, 変異原性, 引火性 高濃度の蒸気は麻酔性. 皮膚につくと脱脂される.	急性毒性, 引火性 高濃度の蒸気は麻酔性	急性毒性, 変異原性 蒸気は目を刺激. 高濃度では麻酔性
3 800	5 000	5 000	2 524
10	200	100	100
酸化剤	酸化剤	酸化剤	金属単体
排水中の基準値 $0.01\ \mathrm{mg\ L^{-1}}$ 以下	静電気が起こりやすい. 排水中の基準値 $0.6\ \mathrm{mg\ L^{-1}}$ 以下	位置異性体の混合物で m-体が最も多い. エチルベンゼンも含んでいる. 排水中の基準値 $0.4\ \mathrm{mg\ L^{-1}}$ 以下	別名ジクロロメタン. 排水中の基準値 $0.02\ \mathrm{mg\ L^{-1}}$ 以下

(表2.1 続き)

溶媒名	クロロホルム	四塩化炭素	1,2-ジクロロエタン
分子式または示性式	$CHCl_3$	CCl_4	$ClCH_2CH_2Cl$
分子量	119.38	153.82	98.96
CAS Registry No.	67-66-3	56-23-5	107-06-2
工業的製法の例	メタンの塩素化	メタンの塩素化	エチレンへの塩素付加
反応溶媒としての用途	ペプチド合成，カチオン重合，遷移金属錯体合成	臭素化，ルテニウム酸化，カチオン重合	ルイス酸を用いる反応，遷移金属錯体合成，電気化学反応，ラジカル重合
その他の用途	カラムクロマトグラフィー，TLC，GPC，UV測定，NMR		
融点/℃	−64	−23	−35.5
沸点/℃	61	77	84
引火点/℃	N/A	N/A	17
比重/g	1.48	1.59	1.57
屈折率 (20℃)	1.44293 (25℃)	1.45739 (25℃)	1.4448
蒸気圧/mmHg (20℃)	159	91	100 (30℃)
蒸発熱/cal g^{-1}	59.06	46.54	77.31
粘度/cP (25℃)	0.563 (20℃)	0.965 (20℃)	0.84
表面張力/dyn cm^{-1} (20℃)	26.75	26.77	32.23
水に対する溶解度/g/100 g H_2O	0.8	0.1	0.8 (20℃)
log P	1.97	2.83	1.48
他の溶媒との混和性	ほとんどの有機溶剤	ほとんどの有機溶剤	ほとんどの有機溶剤
危険性	急性毒性，変異原性	急性毒性，変異原性	急性毒性，引火性，変異原性
人体への影響	蒸気に強い麻酔性	吸入・経皮吸収で頭痛，めまい．低濃度蒸気への長期間暴露で肝臓障害	繰り返し接触すると皮膚障害を引き起こす．蒸気は目，粘膜への刺激性あり．高濃度では発咳刺激，窒息発作
ラット経口 LD$_{50}$/mg	1 194	2 800	670
許容濃度/ppm	10	5	50
禁忌物質	金属単体，金属アルコラート	金属単体	金属単体，酸化剤
備考	安定化剤として0.5〜1％のエタノールを含む．光，空気で分解してホスゲンを生じる 排水中の基準値 0.06 mg L^{-1} 以下	排水中の基準値 0.002 mg L^{-1} 以下	別名ジクロロエチレン．高温で分解してホスゲンと塩化水素を発生．安定化剤としてアルコールまたはイソプロピルアミンを含むことがある．排水中の基準値 0.004 mg L^{-1} 以下

(表2.1続き)

ジエチルエーテル	イソプロピルエーテル	テトラヒドロフラン	1,4-ジオキサン
$CH_3CH_2OCH_2CH_3$	$(CH_3)_2CHOCH(CH_3)_2$	C_4H_8O	$C_4H_8O_2$
74.12	102.18	72.11	88.11
60-29-7	108-20-3	109-99-9	123-91-1
エチレンからのエタノール合成時に併産 バーチ還元, LAH還元, 有機金属を用いる反応 カラムクロマトグラフィー	プロピレンからのイソプロピルアルコール合成時に併産 酵素触媒反応, 有機亜鉛を用いる反応	フランの水素化／1,4-ブタンジオールの脱水環化 ヒドロホウ素化, 有機金属を用いる反応, アニオン重合 GPC, UVスペクトル測定, NMR	エチレングリコールの硫酸触媒環化 エナミンのアルキル化, オスミウム酸化, エステルの加水分解, 遷移金属触媒反応 UVスペクトル測定
-116	-60	-109	12
35	69	66	101
-45	-28	-14	12
0.71	0.73	0.89	1.03
1.35243	1.3681	1.40716	1.42241
442	119	129	27
87.83	76.34	106.09	96.53
0.242 (20℃)	1.012 (20℃)	0.460	1.087 (30℃)
17.06	22.85 (21.7℃)	26.4 (25℃)	34.45 (15℃)
6	1.2	∞	∞
0.89	1.52	0.46	-0.27
ほとんどの有機溶剤	ほとんどの有機溶剤	ほとんどの有機溶剤	ほとんどの有機溶剤
急性毒性, 引火性極めて大 蒸気吸入により頭痛, めまい, 麻酔性あり. 皮膚からも吸収される	急性毒性, 引火性 蒸気に麻酔性あり	急性毒性, 引火性 皮膚, 粘膜への刺激性あり	急性毒性, 引火性, 変異原性 蒸気は粘膜を刺激. 高濃度蒸気の吸引で肝臓・腎臓に障害. 皮膚からも吸収される.
1 215	8 470	3 000 (LDL$_0$)	4 200
400	250	200	25
別名エチルエーテル. 吸湿性	過酸化物を生じやすい. 市販のものは酸化防止剤としてBHTを含むことがある	別名THF. 吸湿性大. 過酸化物を生じやすい. 市販のものは酸化防止剤としてBHTを含むことがある	過酸化物を生じやすい. 市販のものは酸化防止剤としてBHTを含むことがある

(表2.1 続き)

溶媒名	ジエチレングリコールジメチルエーテル	メタノール	エタノール
分子式または示性式	$CH_3O(CH_2CH_2O)_2CH_3$	CH_3OH	CH_3CH_2OH
分子量	134.18	32.04	46.07
CAS Registry No.	111-96-6	67-56-1	64-17-5
工業的製法の例	ジメチルエーテルとエチレンオキシドの反応	一酸化炭素の水素化	エチレンの水和／発酵
反応溶媒としての用途	グリニャール反応, ホウ素化合物を用いる反応, 遷移金属錯体合成	オゾン酸化, 接触水素化, 電気化学反応, 光化学反応, ラジカル重合	接触水素化, マロン酸エステル合成
その他の用途		カラムクロマトグラフィー, TLC, HPLC, UV測定, NMR	UVスペクトル測定
融点/℃	-64	-98	-114.5
沸点/℃	162	65	79
引火点/℃	56	12	8
比重/g	0.95	0.8	0.79
屈折率 (20 ℃)	1.4097	1.3284	1.36143
蒸気圧/mmHg (20 ℃)	1.7	96	59.8 (25 ℃)
蒸発熱/cal g^{-1}	76.85	279.2	219.5
粘度/cP (25 ℃)	0.981	0.5445	1.078
表面張力/dyn cm^{-1} (20 ℃)	29.5	22.55	22.32
水に対する溶解度/g/100 g H$_2$O	∞	∞	∞
log P	-0.36	-0.77	-0.31
他の溶媒との混和性	ほとんどの有機溶剤	アルコール, エーテル, エステル, ケトン	ほとんどの有機溶剤
危険性	急性毒性, 引火性	急性毒性, 引火性, 変異原性	急性毒性, 引火性
人体への影響		蒸気吸入により頭痛, めまい. 高濃度で失明	高濃度蒸気に麻酔性あり
ラット経口 LD$_{50}$/mg	N/A	5 628	7 060
許容濃度/ppm	N/A	200	1 000
禁忌物質		酸化剤	酸化剤
備考	別名ジグライム. 過酸化物を生じやすい. 市販のものは酸化防止剤としてBHTを含むことがある		

(表2.1続き)

2-プロパノール	t-ブチルアルコール	アセトン	2-ブタノン
$(CH_3)_2CHOH$	$(CH_3)_3COH$	CH_3COCH_3	$CH_3COCH_2CH_3$
60.06	74.12	58.08	72.11
67-63-0	75-65-0	67-64-1	78-93-3
プロピレンの水和	イソブテンの水和	フェノール合成時に併産／プロピレンの酸化	2-ブタノールの脱水素
金属単体による還元, 遷移金属錯体合成	バーチ還元, ラジカル重合	無機ヨウ化物による置換反応, ジョーンズ酸化	無機ヨウ化物による置換反応, ラジカル重合
HPLC, UV スペクトル測定		UV スペクトル測定, NMR, 洗浄	UV スペクトル測定
−90	25.5	−93.9	−87
83	82	56	80
15	11	9	−7
0.79	0.79	0.79	0.84
1.3772	1.3877	1.35868	1.3788
32.4	30.6	181.7	71.2
181.2	151	126.9	106
1.765（30 ℃）	3.316（30 ℃）	0.304	0.365（30 ℃）
20.96（30 ℃）	20.02（26 ℃）	23.32	23.97（24.8 ℃）
∞	∞	∞	29（20 ℃）
0.05	0.35	−0.24	0.29
ほとんどの有機溶剤	ほとんどの有機溶剤	ほとんどの有機溶剤	ほとんどの有機溶剤
急性毒性, 引火性	急性毒性, 引火性	急性毒性, 引火性	急性毒性, 引火性
蒸気は粘膜を刺激. 麻酔性あり	高濃度蒸気に麻酔性あり	高濃度蒸気に麻酔性あり	蒸気に麻酔性あり
5 840	3 500	9 750	2 737
400		200	200
酸化剤		酸化剤, 塩基, 強還元剤	酸化剤, 塩基, 強還元剤
別名イソプロピルアルコール			別名メチルエチルケトン

(表 2.1 続き)

溶媒名	酢酸	トリフルオロ酢酸	酢酸エチル
分子式または示性式	CH_3COOH	CF_3COOH	$CH_3COOCH_2CH_3$
分子量	60.05	114.02	88.11
CAS Registry No.	64-19-7	76-05-1	141-78-6
工業的製法の例	アセトアルデヒド酸化／メタノールへの CO 挿入	無水酢酸の電解フッ化	アセトアルデヒドの不均化
反応溶媒としての用途	臭素化，過酸化水素による酸化	tBoc 基の脱保護，カルボン酸の α-ブロモ化	オゾン酸化，接触水素化
その他の用途	カラムクロマトグラフィー，TLC，HPLC	HPLC，NMR	カラムクロマトグラフィー，TLC，HPLC
融点/℃	16.6	−15	−84
沸点/℃	118	72	77
引火点/℃	41	N/A	−3
比重/g	1.05	1.49	0.9
屈折率 (20 ℃)	1.3719	1.2850	1.37239
蒸気圧/mmHg (20 ℃)	11.4	107	100 (27 ℃)
蒸発熱/cal g^{-1}	91.67	76.06	95.34
粘度/cP (25 ℃)	1.040 (30 ℃)	0.855	0.426
表面張力/dyn cm^{-1} (20 ℃)	27.42	13.63 (24 ℃)	23.75
水に対する溶解度/g/100 g H_2O	∞	∞	8.7
log P	−0.17	N/A	0.73
他の溶媒との混和性	ほとんどの有機溶剤	ほとんどの有機溶剤	ほとんどの有機溶剤
危険性	急性毒性，引火性	急性毒性，引火性	急性毒性，引火性
人体への影響	高濃度蒸気は粘膜を侵す．接触により火傷	目，粘膜への刺激大．吸入により口腔水腫，肺水腫を引き起こす．接触により火傷	高濃度蒸気に麻酔性あり
ラット経口 LD$_{50}$/mg	3 310	200	5 620
許容濃度/ppm	10		400
禁忌物質	金属単体，強塩基	金属単体，強塩基	酸化剤，アルカリ，強還元剤
備考		吸湿性大	

(表2.1続き)

トリエチルアミン	ピリジン	アセトニトリル	N,N-ジメチルホルムアミド
(CH₃CH₂)₃N	C₅H₄N	CH₃CN	HCON(CH₃)₂
101.19	78.08	41.05	73.1
121-44-8	110-86-1	75-05-8	68-12-2
アンモニアとエタノールの脱水縮合	アクロレインとアンモニアの反応	アンモ酸化によるアクリロニトリル合成時に併産	ジメチルアミンへのCO挿入反応
エステル化, 遷移金属触媒反応	水酸基のアセチル化, 複素環合成, 遷移金属錯体合成	核酸合成, 電気化学反応, 光化学反応	無機塩による求核置換反応, 電気化学反応, 重縮合, ラジカル重合
カラムクロマトグラフィー, TLC, HPLC	UVスペクトル測定, NMR	TLC, HPLC	GPC, NMR
−115	−42	−46	−61
90	115	82	153
−8	19	6	58
0.73	0.86	0.78	0.94
1.401	1.51016	1.34411	1.43047
54	16	73	2.6
84.7	123.7	193.4	155.3
0.363	0.884	0.325 (30 ℃)	0.802
20.66	36.88	19.1	36.76
5.5	∞	∞	∞
1.45	0.65	−0.34	−1.01
アセトン, クロロホルム, アルコール, エーテル, ベンゼン	ほとんどの有機溶剤	脂肪族炭化水素を除くほとんどの有機溶剤	脂肪族炭化水素を除くほとんどの有機溶剤
急性毒性, 引火性	急性毒性, 引火性	急性毒性, 引火性	急性毒性, 引火性, 変異原性
蒸気はびらん性	不快臭. 蒸気は目, 粘膜, 皮膚を刺激	皮膚に炎症を引き起こす. 代謝によりシアン化水素を生成	高濃度の蒸気はのどへの刺激, 悪心, 吐き気を引き起こす. 経皮吸収性あり
400	891	3 800	2 800
10	5	40	10
酸化剤	酸化剤	酸化剤	酸化剤, 塩素化炭化水素
吸湿性大. 空気酸化により黄色になる	吸湿性大	無機塩を溶かす. 吸湿性大	別名DMF. 無機塩を溶かす. 吸湿性大. 加熱により分解してCOを発生

(表 2.1 続き)

溶媒名	N,N-ジメチルアセトアミド	ジメチルスルホキシド	ヘキサメチルホスホルトリアミド
分子式または示性式	$CH_3CON(CH_3)_2$	CH_3SOCH_3	$[(CH_3)_2N]_3PO$
分子量	87.12	78.13	179.2
CAS Registry No.	127-19-5	67-68-5	680-31-9
工業的製法の例	ジメチルアミンと酢酸の反応	ジメチルスルフィドの酸化	塩化ホスホリルとジメチルアミンの反応
反応溶媒としての用途	重縮合,ラジカル重合	置換反応,ウィッティヒ反応,遷移金属錯体合成,遷移金属触媒反応,電気化学反応	サマリウムを用いる反応,有機リチウムを用いる反応
その他の用途	GPC	NMR	
融点/℃	-20	18	7
沸点/℃	166	189	233
引火点/℃	63	89	105
比重/g	0.94	1.1	1.03
屈折率 (20℃)	1.4384	1.4783	1.4588
蒸気圧/mmHg (20℃)	2	0.46	0.07 (23℃)
蒸発熱/cal g^{-1}	145.8	161.8	75.5
粘度/cP (25℃)	0.838 (30℃)	1.996	3.47 (20℃)
表面張力/dyn cm^{-1} (20℃)	32.43 (30℃)	43.54	33.8
水に対する溶解度/g/100 g H$_2$O	∞	∞	∞
log P	-0.77	-1.35	0.28
他の溶媒との混和性	脂肪族炭化水素を除くほとんどの有機溶剤	脂肪族炭化水素を除くほとんどの有機溶剤	脂肪族炭化水素を除くほとんどの有機溶剤
危険性	急性毒性,引火性	変異原性,引火性	変異原性
人体への影響	高濃度の蒸気吸入で中枢神経系,肝臓,腎臓に障害.接触により炎症.経皮吸収性あり	接触によりかゆみ,発赤.経皮吸収性あり	発ガン性
ラット経口 LD$_{50}$/mg	5 000	17 500	2 525
許容濃度/ppm	N/A	N/A	N/A
禁忌物質	酸化剤,塩素化炭化水素	酸化剤,還元剤,塩素化炭化水素	
備考	別名 DMAc.無機塩を溶かす.吸湿性大	別名 DMSO.無機塩を溶かす.吸湿性大	別名 HMPA または HMPT.無機塩を溶かす.吸湿性大.ハロゲン化炭化水素と錯体を形成する.加熱により分解してリンおよび窒素の酸化物を放出

(表2.1続き)

N-メチルピロリドン	ニトロメタン	ニトロベンゼン
C_5H_9NO	CH_3NO_2	$C_6H_5NO_2$
99.13	61.04	123.11
872-50-4	75-52-5	98-95-3
γ-ブチロラクトンとメチルアミンの反応	低級パラフィンの気相ニトロ化	ベンゼンのニトロ化
重縮合	遷移金属触媒反応	フリーデル-クラフツ反応,カチオン重合
	NMR	
−24	−29	N/A
202	101	211
93	36	31
1.03	1.14	1.2
1.4680 (25 ℃)	1.38118	1.54997 (25 ℃)
N/A	27.8	15.6
N/A	149.9	101.9
1.666	0.61	1.634 (30 ℃)
N/A	37.48	43.35
∞	11.1	0.2
−0.38	−0.35	1.85
脂肪族炭化水素を除くほとんどの有機溶剤	飽和炭化水素を除くほとんどの有機溶剤	ほとんどの有機溶剤
引火性	急性毒性,引火性	急性毒性,引火性,変異原性
皮膚を腐食する	蒸気は目,皮膚に軽度の障害.重症になると赤血球,肝臓,腎臓に障害	濃厚蒸気吸入でめまい,頭痛,おう吐.重症になると赤血球,肝臓,腎臓に障害.皮膚を侵す.経皮吸収性あり
7 000	1 210	640
N/A	100	100
酸化剤	強酸,強塩基	強塩基,酸化剤,還元剤
別名NMP.無機塩を溶かす.吸湿性大	アルカリ混入により爆発の危険性あり	加熱により窒素酸化物を放出

1) ヘキサン

分子量 86.16,bp 68.7 ℃,d_4^{20} 0.6954,引火点 −23 ℃.沸点の近い炭化水素類などを不純物に含む.飽和炭化水素は除きにくいが,共存したままで普通問題はない.濃硫酸で着色しなくなるまで洗浄を繰り返したあと,水,続いて 10 % Na_2CO_3 水溶液で振り,最後にまた水でよく洗浄して硫黄化合物を除く.不飽和炭化水素は,濃硫酸による洗浄ののち,硫酸酸性 $KMnO_4$ 水溶液と数時間よくかきまぜれば除ける.$MgSO_4$ か $CaCl_2$ で予備乾燥したのち,金属ナトリウム,$LiAlH_4$,CaH_2 または P_2O_5 で乾燥して蒸留する.

2) 石油エーテル

沸点 35～60 ℃の炭化水素の混合物で,ときに少量の芳香族炭化水素を含む.ヘキサンと同様の方法で精製する.

3) シクロヘキサン

分子量 86.16,bp 80.7 ℃,d_4^{20} 0.7785,引火点 −17 ℃.不純物のベンゼンを除くには,混酸(濃硝酸 3:濃硫酸 7)と氷冷下で 15 分,室温で 1 時間激しくかきまぜる.水と 25 % NaOH 水溶液で数回振り,最後にまた水で洗浄する.$CaCl_2$ か $MgSO_4$ で予備乾燥したのち,金属ナトリウム,$LiAlH_4$,CaH_2 または P_2O_5 で乾燥して蒸留する.

4) ベンゼン

分子量 78.11,bp 80.1 ℃,d_4^{20} 0.9488,引火点 11 ℃.濃硫酸で着色しなくなるまで洗浄を繰り返し,水,続いて希 NaOH 水溶液で振り,最後にまた水でよく洗浄して硫黄化合物を除く.$CaCl_2$ で予備乾燥したのち,金属ナトリウム,$LiAlH_4$,CaH_2 または P_2O_5 で乾燥して蒸留する.最近の市販品は純度が高いため,蒸留で初留(水があると白濁する)を除いた残りを用いれば無水ベンゼンとして使える.

5) トルエン

分子量 92.14,bp 110.6 ℃,d_4^{20} 0.8669,引火点 4.4 ℃.ベンゼンと同様の方法で精製できる.

6) キシレン

分子量 106.16,bp 144.4 ℃ (*o*-),139.3 ℃ (*m*-),138.4 ℃ (*p*-),d_4^{20} 0.8802 (*o*-),0.8642 (*m*-),0.8610 (*p*-),引火点 34 ℃ (*o*-),31 ℃ (*m*-),30 ℃ (*p*-).市販のキシレンは *o*-,*m*-,*p*-キシレンの混合物で,異性体は分離せずに使うこ

とが多い．硫黄化合物の除去と乾燥はベンゼンと同様に行う．

c. ハロゲン化炭化水素系溶媒

ハロゲン化炭化水素は光，空気，水分などによって分解しやすく，ハロゲン，ハロゲン化水素，ホスゲンなどを生じるため，貯蔵には必ず濃褐色瓶を用い，密栓して冷暗所に置く．

1) 塩化メチレン（ジクロロメタン）

分子量 84.94，bp 40.0 ℃，d_4^{20} 1.3348．濃硫酸で着色しなくなるまで洗浄を繰り返し，水，続いて希アルカリ水溶液（Na_2CO_3，NaOH または $NaHCO_3$ の 5％ 水溶液）で振り，最後にまた水でよく洗浄する．$CaCl_2$ で予備乾燥ののち，$CaSO_4$，CaH_2 または P_2O_5 で乾燥して蒸留する．貯蔵時の乾燥剤にはモレキュラーシーブ（Linde 4A）を用いる．

2) クロロホルム

分子量 119.39，bp 61.2 ℃，d_4^{20} 1.484．十分な水洗いで安定化剤（エタノールまたはジメチルアミノアゾベンゼン）を除いたのち，K_2CO_3 または $CaCl_2$ で予備乾燥し，$CaCl_2$ または P_2O_5 上で還流乾燥後，直接蒸留すれば使える．

3) 四塩化炭素

分子量 153.84，bp 76.7 ℃，d_4^{20} 1.589．KOH の飽和水溶液と数時間よくかきまぜる．水洗を数回繰り返して二硫化炭素を除いたのち，濃硫酸で着色しなくなるまで洗浄を繰り返す．水洗し，$CaCl_2$ または $MgSO_4$ で乾燥したのち，蒸留で精製する．

4) ジクロロエチレン（1,2-ジクロロエタン）

分子量 98.96，bp 83～84 ℃，d_4^{20} 1.569．濃硫酸で着色しなくなるまで洗浄を繰り返し，アルコールなどの不純物を除く．水，続いて希アルカリ水溶液（KOH または Na_2CO_3 水溶液）で振り，最後に水でよく洗う．$CaCl_2$ か $MgSO_4$ で予備乾燥後，P_2O_5 または CaH_2 上で加熱還流させそのまま蒸留する．

d. エーテル系溶媒

エーテル類は，酸素，光などの作用で過酸化物を生じやすい．過酸化物以外には，原料のアルコールとその酸化物（アルデヒド）を主な不純物として含む．こうした不純物を除くには，アルカリ性 $KMnO_4$ 水溶液で数時間振ったのち，水，濃硫酸，再び水で洗浄する方法を用いる．過酸化物の除去法にはその他，乾燥エーテルを活性アルミナのカラムに通す方法，または硫酸酸性にした硫酸鉄（II）

溶液（FeSO$_4$ 6 g を濃硫酸 6 mL と水 110 mL に溶かした溶液）で繰り返し洗浄する方法がある．過酸化物は濃縮すると爆発のおそれがあるため，過酸化物の除去が不十分な場合は，液量の 1/4 くらいを残した段階で蒸留を止めるのがよい．エーテル類は揮発性が高く，引火性も高いので火気使用には十分に注意する．

1) ジエチルエーテル

分子量 74.12，bp 34.6 ℃，d_4^{20} 0.7134．アルカリ性 KMnO$_4$ 水溶液，水で順次洗浄し，CaCl$_2$ で予備乾燥させたのちナトリウムワイヤー上で加熱還流し蒸留する．貯蔵には褐色瓶を用いる．乾燥剤としてナトリウムワイヤーかモレキュラーシーブ（Linde 4A）を入れておく．

2) イソプロピルエーテル

分子量 102.17，bp 68〜69 ℃，d_4^{20} 0.7258．硫酸酸性硫酸鉄 (II) 水溶液で振ったのち，水洗し，CaCl$_2$ で予備乾燥してからナトリウムワイヤー上で加熱し蒸留する．

3) テトラヒドロフラン

分子量 72.11，bp 66 ℃，d_4^{20} 0.8892．LiAlH$_4$ を入れて加熱還流すれば不純物を除ける．そのほか，ナトリウム（約 5 g L^{-1}）とベンゾフェノン（10〜15 g L^{-1}）を加えたとき生成するベンゾフェノンケチル存在下（濃青色〜青紫色）で加熱還流し，蒸留する方法も用いられる．

4) 1,4-ジオキサン

分子量 88.10，bp 101.1 ℃，d_4^{20} 1.0329．窒素雰囲気下，硫酸鉄 (II) を加えて 2 日以上放置する．続いて，ジオキサン 1 L に対し水 100 mL と濃塩酸 14 mL を加え，窒素を激しくバブリングさせながら 8〜12 時間加熱還流させる．温かい溶液に固体の KOH を加えると液が二層に分離する．冷却ののち，かくはんしながらさらに KOH を溶けなくなるまで加える．このまま 4〜12 時間放置した後，水層を分離し，金属ナトリウムと煮沸蒸留する．

5) ジグライム（ジエチレングリコールジメチルエーテル）

分子量 134.17，bp 162 ℃，d_4^{20} 0.9451．固体の NaOH 上で乾燥し，金属ナトリウム，LiAlH$_4$ または CaH$_2$ 存在下で加熱還流したのち減圧下で蒸留する．これらの操作は窒素雰囲気下で行う．蒸留後は，過酸化物の生成を押さえるために 0.01 % NaBH$_4$ を加え褐色瓶中で保存する．

6) アニソール（メトキシベンゼン）

分子量 108.13，bp 155.5 ℃，d_4^{20} 0.9956．アニソールの半分量の 2M NaOH 水溶

液で3回振ったのち，水で2回洗浄し，$CaCl_2$で乾燥させる．沪過後にナトリウムワイヤー上，窒素雰囲気下で蒸留する．

e. アルコールとフェノール系溶媒

アルコール中の不純物アルデヒドとケトンは，少量の金属ナトリウムを加え，数時間の加熱還流後，蒸留すれば除ける．この操作で水も除けるが，ナトリウムの代わりにマグネシウムを用いると，生じる水酸化マグネシウムがアルコールに不活性なため効果がより高い．

1) メタノール

分子量32.04，bp 64.7 ℃，d_4^{20} 0.7951．メタノールは水と共沸混合物を作らないため，精留で水の含量を0.1%以下にできる．もっと脱水したいときは，CaH_2，少量の金属ナトリウムかマグネシウムを乾燥剤に使う．金属マグネシウムを使う場合は，メタノール50〜70 mLをマグネシウム5 g，ヨウ素0.5 gとともに還流冷却器をつけて加温し，マグネシウムをメトキシドにして溶解させ，そこにメタノール90 mLを加え30分間煮沸して蒸留する．

2) エタノール

分子量46.07，bp 78.5 ℃，d_4^{20} 0.7894．99%エタノール1 Lに金属ナトリウム7 gを少し溶かしたのち，フタル酸エチル27.5 g（またはコハク酸エチル25 g）を加え，1時間還流してから蒸留する．

3) 2-プロパノール（イソプロピルアルコール）

分子量60.09，bp 82.5 ℃，d_4^{20} 0.7851．2-プロパノール1 Lに酸化カルシウム200 gを加え，煮沸還流してから蒸留する．留分に無水硫酸銅，CaH_2，BaOまたはCaを加えて乾燥し蒸留すると，水の含量は0.1%以下になる．

4) t-ブチルアルコール（トリメチルカルビノール）

分子量74.12，bp 82.4 ℃，d_4^{20} 0.7858．K_2CO_3か$MgSO_4$で乾燥し，沪過したあと蒸留する．水をさらに除きたいときは，I_2-Mg金属，金属Na法で蒸留する．水を多量に含む場合は，水-ベンゼン-t-ブチルアルコールの3成分混合系の共沸（bp 67.3 ℃）を利用して除く．

5) フェノール

分子量94.11，bp 181.8 ℃，d_4^{20} 1.0576．水5 Lに1 molのフェノールと1.5〜2.0 molのNaOHを溶解し，煮沸しながら水蒸気を通じ，非酸性の不純物を蒸留で除く．残液を冷却したのち，20%硫酸を加えて酸性にし，フェノールを分離

する．$CaSO_4$ で乾燥してから減圧蒸留し，必要に応じて融解-再結晶を繰り返す．

f. ケトン系溶媒

1) アセトン

分子量 58.08, bp 56.1 ℃, d_4^{20} 0.7906, 引火点 -10 ℃．アセトンを還流させながら $KMnO_4$ を少しずつ，紫色が消えなくなるまで加えていく．2～3 時間加熱還流してから蒸留したのち $CaCl_2$ を加えて再び蒸留する．かなりの量の $KMnO_4$ がアセトンに溶け，蒸留が進んで液量が 1/2 程度になると多量の沈殿物ができ，突沸することが多いので注意を要する．

2) メチルエチルケトン

分子量 72.11, bp 79.6 ℃, d_4^{20} 0.8409, 引火点 5.6 ℃．無水塩（K_2CO_3, Na_2SO_4, $CaCO_3$, CaO など）を加えて脱水したのちに精留する（3), 4) にも適用）．さらに高純度のものを得たいときは，メチルエチルケトンの亜硫酸水素ナトリウム付加物を作り，沪過後にジエチルエーテルで洗浄したのち，Na_2CO_3 溶液で付加物を分解し，無水 K_2CO_3 で脱水沪過してから蒸留する．

3) 2-ペンタノン

分子量 86.13, bp 102.3 ℃, d_4^{20} 0.8089, 引火点 7.2 ℃．高純度のものを得たいときは，メチルエチルケトンと同様の方法で精製する．

4) 3-ペンタノン

分子量 86.13, bp 102.0 ℃, d_4^{20} 0.8138, 引火点 13 ℃．高純度のものを得たいときは，理論段数 100 の精留管を用い，700 mmHg，還流比 100：1 で精密蒸留したのち CaH_2 を加えて再蒸留する．

g. カルボン酸系溶媒

1) ギ酸

分子量 46.03, bp 100.6 ℃, d_4^{20} 1.21405, 引火点 69 ℃．減圧下，室温で蒸留する．そのとき空気中の水分を吸わないよう注意する．ギ酸の乾燥には無水ホウ酸か無水 $CuSO_4$ を用い，P_2O_5 や $CaCl_2$ はギ酸と反応するので使わない．微量不純物の酢酸を除くには，シクロペンタンやシクロヘキサンを共沸剤として用いるとよい．

2) 酢酸

分子量 60.05, bp 118.1 ℃, d_4^{20} 1.04926, 引火点 57 ℃．2～5％の $KMnO_4$ を加えてから，約 6 時間加熱還流したのち蒸留する．さらにホウ酸トリアセチルを加

え，1時間加熱還流したのち蒸留する．10％ほどの初留を除き，本留分は密栓して保存する．

3) トリフルオロ酢酸

分子量 114.02，bp 71.8 ℃，d_4^{20} 1.4890. 空気中では白煙を生じ吸湿性が強いが，熱にはかなり安定である．窒素気流下で蒸留する．

h. エステル系溶媒

1) ギ酸エチル

分子量 74.08，bp 54.2 ℃，d_4^{20} 0.917，引火点 -20 ℃．空気中の湿気に触れると加水分解してギ酸とエタノールを生じる．ギ酸エチルを K_2CO_3 溶液で洗浄したのち，次に K_2CO_3 か P_2O_5 を加えて脱水後に蒸留する．ギ酸エチルと結晶性化合物を作る $CaCl_2$ は，乾燥剤に使えない．

2) 酢酸エチル

分子量 88.07，bp 77.1 ℃，d_4^{20} 0.9006，引火点 -4 ℃（密閉）7.2 ℃（開放）．$NaHCO_3$ か Na_2CO_3 飽和水溶液で洗浄し，さらに塩化ナトリウム飽和水溶液で洗浄する．K_2CO_3 で乾燥ののち，蒸留して前後留分を除き，本留分に P_2O_5 を加えて乾燥後デカンテーションする．これにまた P_2O_5 を加え，蒸留して本留分だけを集める．

3) 酢酸ブチル

分子量 116.16，bp 126.1 ℃，d_4^{20} 0.8807，引火点 27 ℃．$NaHCO_3$ か Na_2CO_3 飽和水溶液で洗浄して微量の酸を除いたあと，NaCl 飽和水溶液で洗浄し，無水 Na_2SO_4 か $MgSO_4$ で乾燥してから精留する．

i. アミン系溶媒

1) トリエチルアミン

分子量 101.19，bp 89.6 ℃，d_4^{20} 0.7275，引火点 -6.7 ℃．まず無水酢酸との混合物から分留して低級エチルアミン類を除いたのち，活性アルミナで脱水してからさらに蒸留する．またはトリエチルアンモニウム塩酸塩をつくり，エタノールから再結晶して mp 254 ℃の結晶とする．これを水酸化ナトリウム溶液で遊離アミンとしたのち，KOH で乾燥してからナトリウム存在下，窒素気流下で蒸留する．

2) ピペリジン

分子量 85.12，bp 106 ℃，d_4^{20} 0.8622，引火点 16.1 ℃．精留で水やテトラヒドロピリジンなどの不純物を除ける．つまり，水との共沸混合物である初留分と，

テトラヒドロピリジンを含む後留分（bp 117 ℃）を除き，本留分（bp 106 ℃）だけを集める．

3） ピリジン

分子量 79.10, bp 115.3 ℃, d_4^{20} 0.9831, 引火点 20 ℃．水分を除くにはベンゼンとの共沸留去が手軽だが，厳密な無水ピリジンが必要な場合は，KOH, BaO, $CaSO_4$ などを加えて，1晩以上放置したのちデカンテーションして精留する．さらに，CaH_2 を加えて再び精留すれば，より厳密な無水ピリジンが得られる．

j. 非プロトン性極性溶媒

1） アセトニトリル

分子量 41.05, bp 81.6 ℃, d_4^{20} 0.7768, 引火点 12.8 ℃．シリカゲルかモレキュラーシーブ（Linde 4A）で予備乾燥したのち，CaH_2 粉末を加え，水素が発生しなくなるまでかくはんする．この操作で酢酸と大半の水が除ける．そのまま加熱して分留してもよいが，傾斜してフラスコに移し，P_2O_5 を加えて（ポリマー生成を防ぐため 0.5～1 %（w/v）にとどめる）手早く蒸留すれば，ほぼ完全に水を除ける．さらに無水 K_2CO_3 上で還流した後で蒸留し，密栓して冷暗所に保存する．

2） N,N-ジメチルホルムアミド（DMF）

分子量 73.09, bp 153.0 ℃, d_4^{20} 0.9440, 引火点 67 ℃．DMF は熱により分解して，ジメチルアミンと CO を生じる．分解は酸または塩基が触媒するため，KOH, NaOH, CaH_2 上で数時間放置したときは室温でも分解が進む．したがって，こうした乾燥剤を使った場合，一緒に加熱還流するのは好ましくない．大部分の水は，あらかじめ CaH_2 上で乾燥したベンゼンを加え（10 %（v/v））常圧で共沸蒸留（80 ℃以下）すれば除ける．蒸留フラスコに残った DMF（ベンゼン乾燥 DMF と呼ぶ）に $MgSO_4$（300～400 ℃で1晩加熱したもの）25 g L^{-1} を加えて1日振とうし，さらに適当量の $MgSO_4$ を加え 15～20 mmHg で分留する．ただし $MgSO_4$ を使う乾燥ではまだ若干の水が残っている．純品は密栓して冷暗所に保存する．

3） N,N-ジメチルアセトアミド（DMAc）

分子量 87.12, bp 166.1 ℃, d_4^{20} 0.9366, 引火点 77 ℃．DMAc は DMF とよく似た性質をもつが，DMF と違い，酸や塩基が存在しないかぎり沸点で安定で，精製もよりやさしい．BaO, CaO を加え，ときどき振りまぜながら数日間放置し

たのち，1時間ほど還流してから減圧下（10～30 mmHg）で分留する．これに CaH$_2$ を加えて分留すればさらによい．

4) ジメチルスルホキシド（DMSO）

分子量 78.14, bp 189.0 ℃, d_4^{20} 1.0958, 引火点 95 ℃．DMSO は長時間の加熱で一部分解するため減圧蒸留するときは油浴の温度に注意する．酸の混在は分解を速め，弱塩基，塩基性塩，中性塩は分解を抑える．モレキュラーシーブ（Linde 4A または 13X）上で乾燥ののち，モレキュラーシーブを充填したカラムを通して減圧蒸留する．あるいは，アルミナ（クロマトグラフ用，加熱後冷却したもの）上で 1 晩放置したのち，CaO 上で 4 時間還流し，さらに CaH$_2$ を加えて減圧下（3～5 mmHg）蒸留する．純品は密栓して冷暗所に保存する．

5) ヘキサメチルホスホルトリアミド（HMPA）

分子量 179.20, bp 233 ℃, d_4^{20} 1.0253．熱には安定だが，150 ℃では一部分解する．酸性条件では加水分解を受けるが，アルカリには安定である．BaO か CaO 上で窒素雰囲気下約 4 mmHg で数時間還流したのち，同じ減圧度のもと金属ナトリウム上で分留する．得られた HMPA を再び金属ナトリウム上で窒素下減圧にて還流してから分留するとさらによい．または，粉砕した CaH$_2$ を加えて暗所に 2～3 日放置後，減圧下で蒸留する．本留分は，モレキュラーシーブ（13X または 4A）を加えて密栓し暗所に保存する．HMPA には強い発がん性があるため，取扱いには手袋を用い，使用後はせっけんで手をよく洗うこと．

6) N-メチルピロリドン

分子量 99.13, bp 202 ℃, d_4^{20} 1.027, 引火点 95 ℃．ベンゼンとの共沸で水を除いたのち，10 mmHg でらせんガラスを充填したカラム（1 m）を用い，蒸留し，中間の約 60 %をとる．モレキュラーシーブ（Linde 4A）上でときどき振りまぜながら数日間放置したあと，同様に精留する方法がある．

k. その他の溶媒

1) ニトロメタン

分子量 61.04, bp 101.2 ℃, d_4^{20} 1.139, 引火点 44 ℃．大部分の水は水-ニトロメタンの共沸で除ける．ニトロメタン 1 L に濃硫酸 150 mL を加えて 1～2 日間放置したのち分液し，水，Na$_2$CO$_3$ 水溶液，水で順次洗浄する．さらに MgSO$_4$ を加えて数日間放置し，沪過してからまた CaSO$_4$ 上で乾燥する．これを使用前に分留する．ニトロアルカン類のうちニトロメタンだけは激しい衝撃で爆発するこ

とがあるので注意を要する．

2) ニトロベンゼン

分子量 123.11，bp 210.9 ℃，d_4^{20} 1.2037，引火点 87.8 ℃．希硫酸存在下で水蒸気蒸留すると，ほとんどの不純物は除ける．これを $CaCl_2$ で乾燥し，BaO，P_2O_5，$AlCl_3$，または活性アルミナと振とうしてから蒸留する．純品は密栓して冷暗所に保存する．

2.2 有機溶媒の極性指標

溶液反応では，用いる溶媒の極性によって平衡や反応速度，反応の機構が変化する（溶媒効果）．そのため溶媒を選ぶ上では極性の指標が必要になる．以下では，経験的に得られているいくつかの極性指標を紹介する．

最初に，反応速度をもとにした4種類の極性指標について述べる．

① Y 値： 求核性と求電子性の等しい溶媒におけるイオン化能力の尺度．Y 値が大きい溶媒ほどこのイオン化能力が大きい．誘電率（電場のもとで溶媒が示す巨視的な挙動の尺度）と違って，Y 値は溶媒-溶質間の微視的な相互作用を表す尺度だという点で重要ではあるが，加溶媒分解は水やアルコール，酢酸などを使った場合に限定されるため，溶媒の種類と範囲にはおのずと限界がある．

② $\log k_{ion}$ 値： 様々な溶媒中で，p-メトキシフェニルトルエンスルホナートから TsOH が脱離する反応の遷移状態となるイオン化の速度定数 k_{ion} を Winstein らが測定して得た値．Y 値がアルコールや酸に限られるのに対し，$\log k_{ion}$ 値は広範な溶媒について求められ，他の極性指標との相関をつけられる点に重要性をもつ．

③ Ω 値： ディールス-アルダー反応（シクロペンタジエンとアクリル酸メチルの反応）で生じるエンド体（N）とエキソ体（X）の生成比を溶媒の極性の目安とするもので，次のように定義される．

$$\Omega = \log \frac{N}{X}$$

溶媒の極性が大きいほど，エンド型の遷移状態が安定化するため N が大きくなり，Ω 値が大きい．つまり一般に，溶質が2種類の構造をとりうる場合，極性の大きい溶媒中だと極性の大きい方の構造をとりやすいことを示す．

2.2 有機溶媒の極性指標

④ S 値： Brownstein が提案した極性指標で，次のように定義される．

$$\log k_S/k_E = SR$$

k_S：溶媒中での反応速度定数，平衡定数，スペクトルシフト
k_E：エタノール中での反応速度定数，平衡定数，スペクトルシフト
S ：溶媒の極性を表す定数（エタノールの $S = 0.00$）
R ：その系への感受性（Kosower の色素を標準にして $R = 1.00$ とする）

次に，スペクトルをもとにした3種類の極性指標について述べる．

⑤ E_T 値： 図2.1のジフェニルベタイン系化合物が溶媒中で可視域に吸収をもつ場合，その色調から溶媒の極性を推定するもの．遷移エネルギー E_T（吸収ピーク波長を kcal mol^{-1} 単位のエネルギーに換算した値）で表す．

⑥ Z 値： 図2.2の四級アンモニウム塩が溶媒中で示す紫外スペクトルの吸収ピーク波長で溶媒のイオン化能力を示すもの．以下のように定義される．

$$Z = E_T/\text{kcal mol}^{-1} = h\nu = 2.859 \times 10^5/\lambda_{\max}/\text{Å}$$

吸収ピークは溶媒の極性が低いと長波長側へ移って（深色効果）Z 値が小さくなり，極性が高いと短波長側へ移って（浅色効果）Z 値が大きくなる．

⑦ χ 値： 図2.3のメロシアニン系色素の吸収ピークが示すレッドシフト（R）またはブルーシフト（B）から遷移エネルギー E_T を求め，χ^R，χ^B 値で表したもの．

代表的な溶媒につき，以上の極性指標を表2.2に示した．ただし，溶質分子

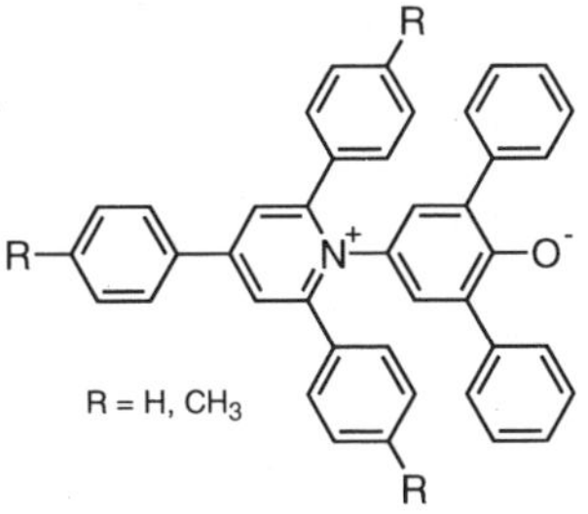

図2.1 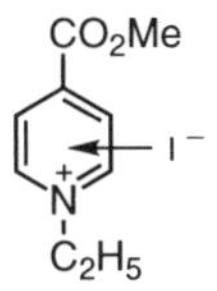　図2.2 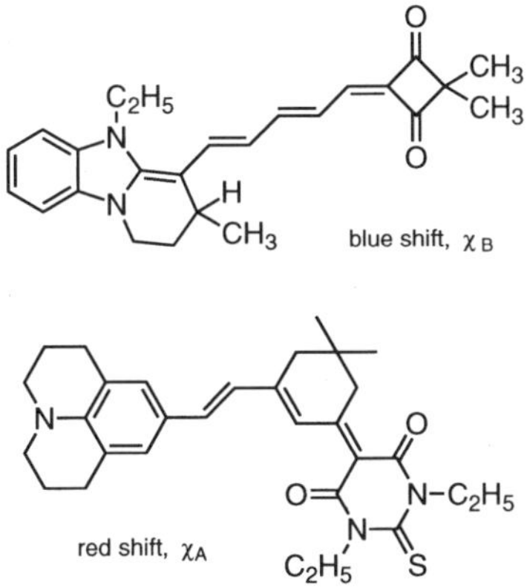　図2.3

表 2.2 代表的な溶媒の極性指標

溶媒	極性値							
	E_T (25 ℃)	Z (25 ℃)	Y (25 ℃)	$\log k_{ion}$ (75 ℃)	Ω (30 ℃)	S (25 ℃)	χ^R	χ^B
n-ヘキサン	30.9					−0.337	50.9	
シクロヘキサン	31.2	30.1				−0.324	50.0	
ベンゼン	34.5	64.0				−0.215	46.9	
トルエン	33.9					−0.237	47.2	41.7
ジクロロメタン	41.1	64.2				−0.189	44.9	47.5
クロロホルム	39.1	63.2				−0.200	44.2	
四塩化炭素	32.5					−0.245	48.7	
1,2-ジクロロエタン	41.9	63.9			0.600	−0.151		
ジエチルエーテル	34.6			−7.3		−0.277	48.3	
イソプロピルエーテル						−0.299	48.6	
テトラヒドロフラン	37.4	58.8		−6.073			46.6	
1,2-ジメトキシエタン	38.2	62.1			0.543			
1,4-ジオキサン	36.0					−0.179	48.4	
アニソール	37.2					−0.214		
メタノール	55.5	83.6	−1.090	−2.796	0.845	0.0499	43.1	63.0
エタノール	51.9	79.6	−2.033	−3.204	0.718	0.0000	43.9	60.4
1-プロパノール	50.7	78.3				−0.0158	44.1	
2-プロパノール	48.6	76.3	−2.73			−0.0413	44.5	56.1
1-ブタノール	50.2	77.7				−0.0240	44.5	56.8
t-ブチルアルコール	43.9	71.3	−3.26			−0.1047		
エチレングリコール	56.3	85.1				0.0679	40.4	
アセトン	42.2	65.7		−5.067	0.619	−0.1748	45.7	50.1
メチルエチルケトン	41.3							
ギ酸			2.054	−0.929		0.1139		
酢酸	51.9	79.2	−1.639	−2.772	0.823	0.0050		
酢酸エチル	38.1			−5.947		−0.210	47.2	
トリエチルアミン					0.445	−0.285	49.3	
ピリジン	40.2	64.0		−4.670	0.595	−0.1970	43.9	50.0
アセトニトリル	46.0	71.3		−4.221	0.692	−0.1309	45.7	53.7
ジメチルホルムアミド	43.8	68.5		−4.298	0.620	−0.1416	43.7	51.5
ジメチルアセトアミド	43.7	66.9						
ジメチルスルホキシド	45.0	71.1		−3.738			42.0	
ヘキサメチルホスホルトリアミド	40.9	62.8						
ニトロメタン	46.3	71.2		−3.921	0.680	−0.134	44.0	
ニトロベンゼン	42.0					−0.218	42.6	

2.2 有機溶媒の極性指標

表 2.3 代表的な 2 成分系の共沸混合物

A 成分 (沸点/℃)	B 成分	共沸 沸点 ℃	A 成分組成 (wt%)	A 成分 (沸点/℃)	B 成分	共沸 沸点 ℃	A 成分組成 (wt%)
四塩化炭素 (76.74)	ギ酸	66.65	18.5	メタノール	ヘキサン	49.5	26.4
	メタノール	56.2	45.1 mol%		ベンゼン	57.50	39.1
	エタノール	65.04	61.4 mol%		トルエン	63.8	87.8 mol%
	酢酸	76.55	97	1,2-ジクロロエタン (83.45)	エタノール	70.5	63
	酢酸エチル	74.8	57		シクロヘキサン	74.7	38 vol%
	t-ブチルアルコール	71.1	83		ベンゼン	80.1	15 vol%
クロロホルム (61.2)	ギ酸	59.1	90.5	エタノール (78.3)	酢酸エチル	71.81	30.95
	メタノール	55.3	65.1 mol%		1,4-ジオキサン	78.25	98
	エタノール	59.35	93		ペンタン	34.3	5
	酢酸エチル	77.8	81.5 mol%		シクロヘキサン	65.13	30
	ヘキサン	59.95	72		ヘキサン	58.0	34.0 mol%
ジクロロメタン (40.0)	メタノール	37.8	92.7		ベンゼン	67.9	31.4
	ジエチルエーテル	40.8	57		トルエン	77.0	81.8 mol%
ニトロメタン (101.2)	メタノール	64.33	2.2	エチレングリコール (197.4)	トルエン	110.1	2.3
	エタノール	76.05	29.0		o-キシレン	135.7	6.9
	酢酸	101.2	96		m-キシレン	135.1	10.7 mol%
	シクロヘキサン	69.5	26.5		p-キシレン	134.5	10.5 mol%
	ヘキサン	62.0	21	酢酸エチル (77.05)	t-ブチルアルコール	76.0	73
	ベンゼン	79.15	14		ヘキサン	65.15	32.4 mol%
	トルエン	96.5	55		シクロヘキサン	71.6	54.9 mol%
メタノール (64.72)	アセトニトリル	63.45	19	t-ブチルアルコール (82.9)	シクロヘキサン	71.3	37
	酢酸エチル	62.1	48.6		ヘキサン	63.7	22
	テトラヒドロフラン	59.1	31.1		ベンゼン	73.95	36.6
	ペンタン	30.85	7	ピリジン (115.5)	トルエン	110.04	22.5 mol%
	シクロヘキサン	54.55	39				

や溶媒分子の構造や形,あるいは分子間の相互作用に応じて反応機構や律速段階へのかかわり方が異なるため,現実の反応において当てはまらない場合もあるので注意されたい.

2.3 共沸混合系

共沸混合物とは,平衡にある液相と気相で化学組成の等しい混合溶液をいう.2成分系について,共沸混合物の沸点が低沸点成分の沸点より低ければ最低共沸混合物,高沸点成分の沸点より高ければ最高共沸混合物と呼ぶ.圧力を上げたとき,共沸混合物の成分組成は,最低共沸混合物では蒸発熱のより大きい成分の濃度が増し,最高共沸混合物では蒸発熱のより大きい成分の濃度が減る向きに変化する.

(1) 沸騰溶媒による温度調節用

共沸の性質を利用すれば,溶媒を適切に組み合わせて反応温度の調節ができる.また,少量の高沸点不純物中から目的物を得たり,混合溶媒から再結晶するのにも利用される.代表的な2成分系の共沸混合物を表2.3に示した.

(2) ディーン-スタークトラッピング用含水共沸系

反応中に生じる水は,反応の進行を妨げたり,副反応の原因となりうるので,速やかに系外に留去するのが望ましい.そのため,水と共沸混合物を作る溶媒(比重＜1)を用いて共沸させ,ディーン-スターク管で捕捉する方法が用いられる.水と共沸混合物を作る代表的な溶媒について,共沸点と水の組成比を表2.4にまとめた.

表2.4

溶　媒	共沸 沸点 ℃	水の組成 (wt %)	溶　媒	共沸 沸点 ℃	水の組成 (wt %)
クロロホルム	56.1	2.8	1,2-ジメトキシエタン	77.4	10.1 (mol %)
四塩化炭素	66	4.1	ピリジン	93.6	41.3
ジクロロメタン	38.1	1.5	ペンタン	34.6	1.4
ニトロメタン	83.59	23.6	シクロヘキサン	69.5	8.4
アセトニトリル	76.0	27.4 (mol %)	ヘキサン	61.6	5.6
エタノール	78.17	4.0	ベンゼン	69.25	29.6 (mol %)
1,2-ジクロロエタン	71.6	8.2	トルエン	85.0	19.91
酢酸エチル	70.5	29.5	m-キシレン	94.5	40
1,4-ジオキサン	35.0	36.92 (mol %)	クメン	95	43.8

文　献

1) 大木道則，大沢利昭，田中元治，千原秀昭編，化学辞典，東京化学同人（1994）．
2) 浅原照三，戸倉仁一郎，大河原信編，溶剤ハンドブック，講談社（1976）．
3) 有機合成化学協会編，有機合成実験法ハンドブック，丸善（1990）．
4) 池上四郎編，実験のための溶媒ハンドブック，丸善（1990）．
5) The Merck Index, 12th ed.（1996）．

3. 固体の融点

3.1 融点測定器による固体の融点の測定

融点測定をするには，多様な測定器が考案されているが，図3.1に示したシリコーン油浴型融点測定器と偏光顕微鏡型融点測定器の2種類が一般的に用いられている．

(a) シリコーン油浴型　　　(b) 偏光顕微鏡型

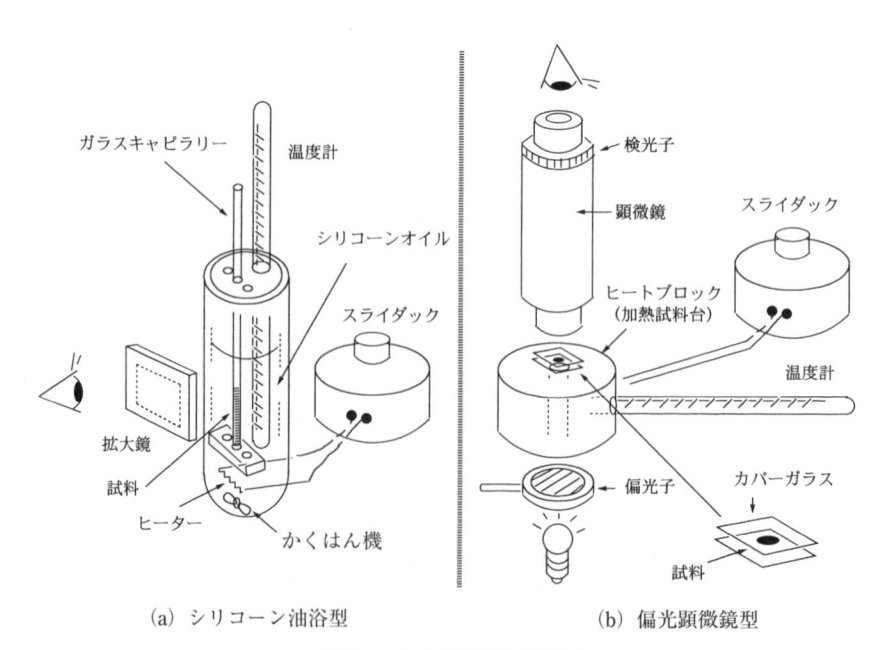

図3.1 融点測定器の模式図

3.1.1 シリコーン油浴型融点測定器による測定

シリコーン油浴型融点測定器で融点を測定するには，まず，長さ約 10 cm 直径約 1 mm のガラスキャピラリー（細管）を，直径約 1 cm のガラス管をガスバーナーで熱して作り，一端を融封する．固体の試料をこのガラスキャピラリーの開いた口の方から，下から 1～3 cm くらい詰める．詰めにくいときは，試料をめのう乳鉢ですりつぶして粉末にして詰める．これを，図 3.1 (a) のように測定器にさし込んで拡大鏡で見ながら，スライダック（変圧器）を回して徐々に加熱し，試料の変化をみる．

一般に状態が図 3.2 (a) から直接 (d) のように変化したときの温度が融点である．急速に加熱すると融点が実際より低めに出る傾向があるので，できるだけ徐々に加熱するのが望ましい．そして，融け始めた温度から融け終わりの温度を記録する．この温度幅が 1℃以内であれば，この測定器では純度は十分といえる．もし 5～10℃ も幅があるようであれば，試料は純粋でないのでもう一度再結晶などにより精製する必要がある．

オーセンティックサンプル（標準試料：すでに融点がはっきりしている同一化合物）があるなら，これを詰めたキャピラリーと現有の試料を詰めたキャピラリーを 2 本並べて同時に測定するとよい．同一温度で融ければ，同一化合物の可能性が高い．しかし，証明ではないので，オーセンティックサンプルと現有試料を混合してキャピラリーに詰め，オーセンティックサンプル，混合試料，現有試料の順に 3 本を並べて同時に測定する．3 本が同時に融ければ，現有試料とオーセ

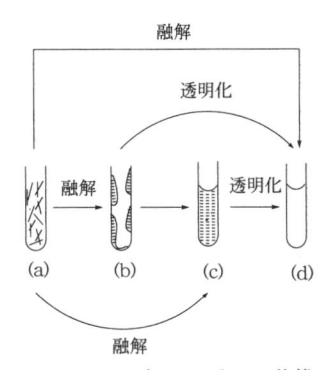

図 3.2 ガラスキャピラリー中での状態の様子
(a) 結晶相　(b) スメクチック結晶相
(c) ネマチック結晶相　(d) 等方性液体

ンティックサンプルが同一化合物だと判断してよい．なぜなら，同一化合物でなければ，混合試料の2成分が互いに不純物となって凝固点降下が起こり，融点が低下するためである（同一化合物の結晶多形の場合は，別の現象が起こるので3.5節を参照）．

さて，昇温とともに状態が図3.2 (a)→(d) のように直接変化せず，(a)→(b)→(d) または，(a)→(c)→(d)，(a)→(b)→(c)→(d) となった場合を考えてみよう．このような状態変化をともなった場合は，その試料は液晶物質である．このときの融点（melting point）は，結晶（相）から液晶（相）へ融解した温度である．すなわち，(a)→(b) あるいは (a)→(c) となった温度である．液晶物質では，液晶相から透明な液体（等方性液体＝isotropic liquid：IL）に変化した温度は，透明点（clearing point）というので注意が必要である．図3.2のように，スメクチック相ではべっとりとしたタールのような状態に変化してメニスカスを作るほど流動性はないが，一方ネマチック相ではメニスカスを作るほどの流動性のある濁った液体になる．

3.1.2　偏光顕微鏡型融点測定器による測定

偏光顕微鏡型融点測定器で融点を測定するには，まず2枚のカバーガラス（1 cm × 1 cm × 100 μm）の間に，固体試料をはさんで測定試料とする．この測定法では試料の量は μg 程度で済み，前述のシリコーン油浴型よりもずっと少量で測定できる利点がある．また，偏光を用いることができるので液晶相の観察にも適しており，液晶研究には欠かせない測定法である．

図3.1 (b) のように，試料をヒートブロックの上に載せ，スライダックを回して徐々に加熱していく．偏光子（polarizer）を回して検光子（analyser）と直交にすると，何も試料のないところでは真っ暗になる．しかし，結晶は立方晶系以外では偏光するので，この暗視野でも光ってみえる．これをピンセットなどで押さえても固体であるから流動はしない．ところが，昇温してピンセットで押さえると，液体のように流動するのが観測される．もし，これが直交下で光っていれば液晶相で，真っ暗であれば等方性液体である．スメクチック相では自己流動性がないので押さえないと流れず，べっとりとした状態になる．しかし，ネマチック相では自己流動性があり押さえなくても流れるのですぐわかる．以上のことを念頭に，結晶相，スメクチック相，ネマチック相の転移温度を測定するとよい．

3.2 多形現象と融点

表 3.1 融点測定用標準物質

標準物質名	相転移温度/℃
In	156.4 （融点）
Sn	222.0 （融点）
フェナントレン	99.4 （融点）
安息香酸	122.4 （融点）
4-オクチル安息香酸	C 99.5　N 112.5　IL
4-オクチルオキシ安息香酸	C 101　S 108　N 147　IL
4-デシルオキシ安息香酸	C 97　S 122　N 142　IL

C：結晶相, S：スメクチック相, N：ネマチック相, IL：等方性液体

スメクチック相は現在さらに 10 種類以上の相に細分化されており，スメクチック-スメクチック間の相転移もある．各液晶相には特有なテキスチャーと呼ばれる模様がみられる．テキスチャーの解説は本書の範囲を越えるので，詳しくは文献[1]の偏光顕微鏡写真集を参照されたい．

3.1.3 融点測定用標準物質

融点測定用の標準物質は，十分な純度と安価に入手しやすいことが選定条件である．表 3.1 に示した In，Sn，フェナントレンはこれらの条件に合い，よく温度校正用標準物質として用いられる．しかし，In と Sn は金属で光が通らないので，偏光顕微鏡型融点測定器を用いる方法には適していない．したがって，フェナントレンや安息香酸が適している．液晶物質の相転移観測用には，比較的安価に市販もされていて，合成も容易な 4-オクチルオキシ安息香酸と 4-デシルオキシ安息香酸が標準物質として相転移観察に最適である．

3.2 多形現象と融点

3.2.1 結晶多形と融点

今まで「固体」と「結晶」という言葉に特別の注意を払わずに用いてきたが，「固体」という言葉は学問的にはあいまいなので，ここでは「結晶」とすべていいかえる．結晶が液体に 1 次相転移する現象が融解，その温度が融点である．まず，1 つの化合物に 1 つの融点しかないと考えるのは誤りだということに注意したい．正しくは，1 つの結晶形が 1 つの融点をもつと考えるのが正しい．したがって，複数の結晶多形（polymorph）をもつ化合物にはその数だけ融点がある．

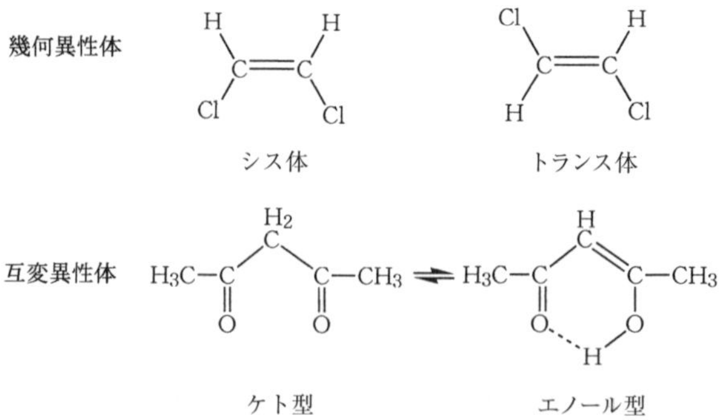

図3.3 幾何異性体と互変異性体の例
異性体の融解物（液体）はそれぞれ異なる組成を与える．

同じ化合物も，結晶形が異なれば，密度，硬度，光学的・電気的性質，溶解性（薬効）などの物性がまったく異なる．

例えば，ダイヤモンド（C_∞）は立方晶系（a = 3.567 Å）で硬度10の絶縁体（$\rho = 10^{13}\,S^{-1}\,cm$）だが，グラファイト（$C_\infty$）は六方晶形（$a$ = 2.456 Å，c = 6.696 Å）で硬度1～2，面内で$\rho = 10^{-3}\,S^{-1}\,cm$の伝導度を示す半金属である．氷（$H_2O$）は8つの結晶多形をもち，水に沈む氷（結晶多形）もある．結晶**系**が同じ立方晶でも結晶**形**（構造）の違う氷I，VII，VIIIが存在するので，結晶系と結晶形を混同してはならない．また薬では，ときに10個以上の多形が存在して，溶解度が多形ごとに異なり，薬効が高いもの，低いもの，即効性のもの，遅効性のものがあったりする．同じ化合物を合成しても薬効がそれほど異なるため，製薬における多形の調整は大きな問題となる．

多形とは，少なくとも2つの異なる分子配列が生む結晶相をいう．多形で分子構造は変わらないが，結合の局所回転やわずかな歪みなどに差は出る．したがって原理上，2つの多形で結晶構造は異なるが，液体と気体の状態では同一である．今知られる唯一の例外が液体ヘリウムのもつHe I，He IIの液体多形で，他の液体には多形は存在しないと考えられている．

図3.3のような幾何異性体や互変異性体の場合，それぞれの融解物（液体）も組成が異なる．こうした例は多形とはいわないので注意したい．

3.2.2　1次相転移と2次相転移

融点を測定するときは，相転移をいかに観測するかが重要になる．熱力学で1

3.2 多形現象と融点

次相転移と2次相転移を考えると図3.4のようになる．すなわち，ギブズ自由エネルギー G（=化学ポテンシャル μ）の一次導関数 $(\partial G/\partial T)_P$ が不連続な相転移を1次相転移，2次導関数 $(\partial^2 G/\partial T^2)_P$ が不連続なものを2次相転移という．図3.4からわかる通り，1次相転移では体積 V，エンタルピー H，エントロピー S がジャンプし，ΔV, ΔH, ΔS が観測される．ΔV について具体的にいうと，加熱試料台つきの顕微鏡で観察していると，1次相転移のときは，加熱の際に相転移

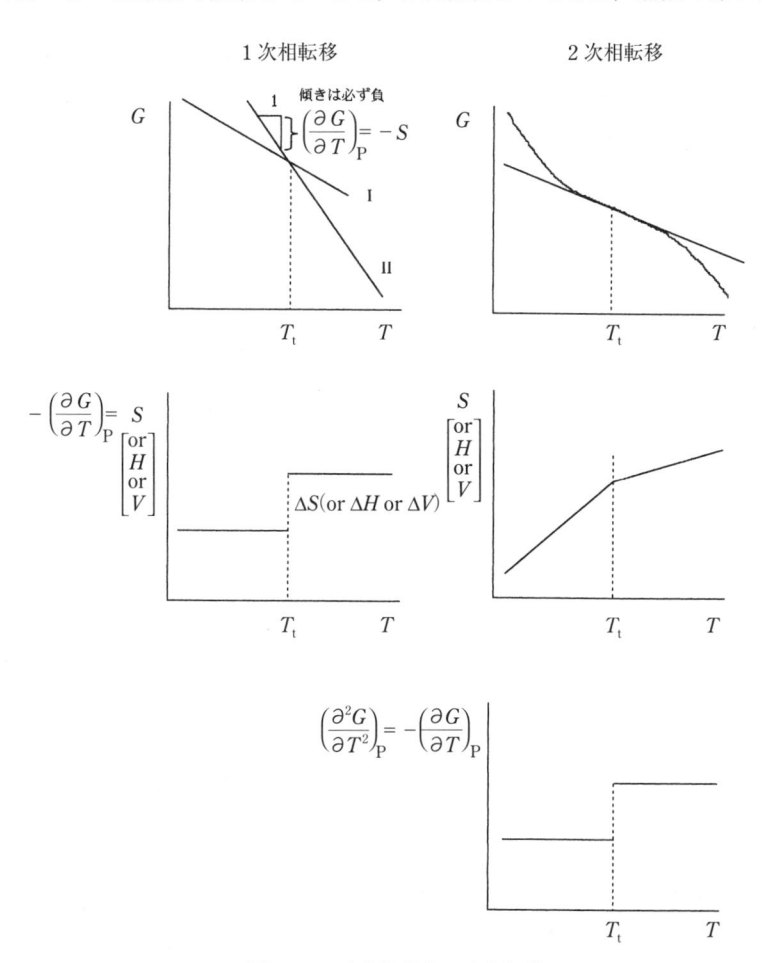

図3.4 1次相転移と2次相転移

覚え方：VHS が不連続である相転移を1次相転移．VHS が連続である相転移を2次相転移．1次相転移では ΔV, ΔH, ΔS がジャンプする．

温度で急なふくらみやしわがみられ,冷却時には急な縮みやひび割れがみられる.これは体積の急変(= ΔV)を示す.このため1次相転移は気づきやすいが,体積変化が徐々に進む2次相転移はほとんど気づかない.

3.2.3 相図 (phase diagram)

2つの結晶多形I, IIをもつ化合物では,図3.5のように,ギブズ自由エネルギー対温度の相図(G-T diagram)が2つ書ける.図 (a) では,多形IとIIが,それぞれの融点 T_{m1} と T_{m2} より低い温度 T_t で固相-固相転移する.直線IとIIの交点が T_t で,直線Iおよび II と直線ILの交点は,それぞれ融点 T_{m1} と T_{m2} を示す.一方,図 (b) では,T_{m1} と T_{m2} より低温側に直線IとIIの交点はない.そのため事実上,多形IとIIの固相-固相転移は存在せず,バーチャルな転移温度 T_t は T_{m1} や T_{m2} よりも高温側にある.図3.5のような結晶多形IとIIの間の熱力学的関係は,それぞれ**エナンチオトロピック**な関係,**モノトロピック**な関係と呼ぶ.式 (3.1) に示した通り,エナンチオトロピックな関係のときは昇温と降温の両方でIとIIが現れ(行きと帰りが鏡像=エナンチオマー),モノトロピックな関係のときは降温時に(一方向だけ)IIが現れる.

3.2.4 二重融解挙動 (double melting behavior)

図3.5 (a) でも (b) でも,融点 T_{m1} と T_{m2} が接近していると二重融解挙動が起こる.普通,T_{m1} と T_{m2} の差が20℃以内程度のときに,この現象が起こりやすい(ごくまれには,100℃程度の差があるときにも起こる).このように二重融解挙動は,結晶多形の融点が近いときに起こりやすい.

図3.5 (a) の場合,結晶Iを急速に加熱すると,T_t でIからIIへ転移するはずのところが転移しきらず,残った結晶Iは過加熱 (superheating) されて融点 T_{m1} に達し,等方性液体IL (isotropic liquid=通常の液体.ちなみに異方性液体を液晶という) へ融解する(式 (3.2)).しかしこの温度のILは,図3.5 (a) の G-T ダイアグラムから明らかなように,結晶IIより上方にあって不安定である.そのためこのILは,固相-固相転移で生じた結晶IIを種にして急速にIIへと再固化する.この現象は相転移ではなく,緩和 (relaxation) と呼ばれ,一般には発熱をともなう.再固化したIIと,T_t で固相転移してできたIIは,昇温を続けるとIIの融点 T_{m2} で融解しILになる.したがって,同じ化合物なのに,1回の昇温で2度の融解が観測される.こうした二重融解挙動は,加熱速度が大きいほどはっきり現れる.加熱速度が大きいほど,T_t で転移しきらずにIが残る割合が

3.2 多形現象と融点

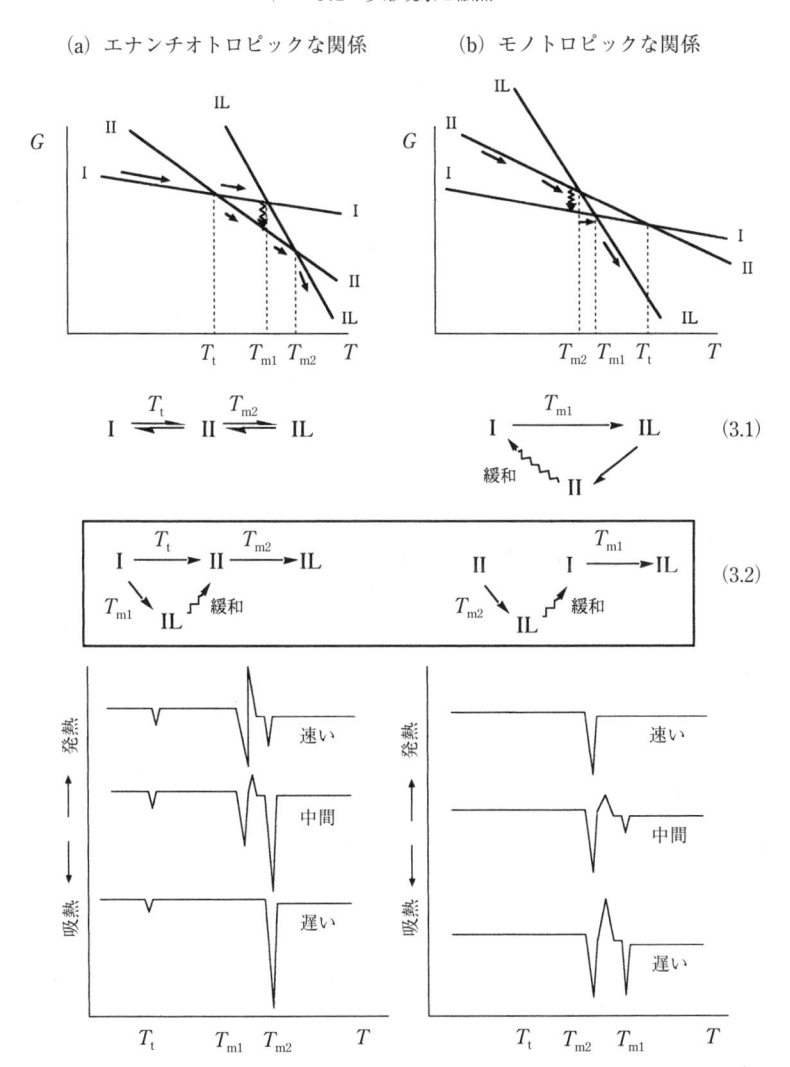

(a) エナンチオトロピックな関係   (b) モノトロピックな関係

$$\text{I} \underset{T_t}{\rightleftarrows} \text{II} \underset{T_{m2}}{\rightleftarrows} \text{IL} \qquad\qquad \text{I} \xrightarrow{T_{m1}} \text{IL} \quad 緩和\searrow\;\swarrow \quad \text{II} \tag{3.1}$$

$$\text{I} \xrightarrow{T_t} \text{II} \xrightarrow{T_{m2}} \text{IL} \qquad \text{II} \searrow\;\swarrow \text{I} \xrightarrow{T_{m1}} \text{IL}$$
$$T_{m1}\searrow\;\nearrow 緩和 \qquad\qquad T_{m2}\searrow\;\nearrow 緩和$$
$$\text{IL} \qquad\qquad\qquad \text{IL} \tag{3.2}$$

図 3.5 結晶多形ⅠとⅡが (a) エナンチオトロピックな関係と (b) モノトロピックな関係にあるときの, 自由エネルギー対温度 (G-T) ダイアグラムと二重融解挙動の現れ方

(a) の場合は加熱速度が速いほど, (b) の場合は加熱速度が遅いほど, はっきりと二重融解挙動が現れる. 下段は DSC カーブ.

大きいからである.

　図3.5(b)の場合は，結晶IIをゆっくり加熱すると，T_{m2}で融解してできた等方性液体ILがより安定な結晶Iに緩和して再固化する（式 (3.2)）．ここで，より不安定な結晶多形IIならはじめから存在していないのではないか，という素朴な疑問が生じる．確かに図3.5(b)をみれば多形IIは準安定形，多形Iは安定形だが，多形IIが存在しえないと考えるのは正しくない．例えば室温から4000℃までの温度範囲で，ダイヤモンド（C_∞）は準安定形にすぎず，安定系はグラファイト（C_∞）の方である．それなのにダイヤモンドは室温でも安定に存在する．ダイヤモンドからグラファイトへの緩和が室温で起こらないのは，G-Tダイアグラム上には表せない活性化エネルギーが存在するからで，活性化エネルギーをこえさえすればダイヤモンドはグラファイトに変わる．高温では活性化エネルギーをこえ，ダイヤモンドはグラファイト（黒鉛，石墨）になってしまうからこそ，ダイヤモンドには火災保険をかける．この例でわかる通り，準安定な結晶多形IIも現実に存在できる．

　さて話を戻すと，IIがT_{m2}で融解してできた等方性液体ILは，より安定な結晶Iに緩和して再固化する．結晶中より液体中のほうが再固化しやすいのは，結晶中よりも分子がずっと回転しやすく，再配列しやすいからにほかならない．またこのときILは，図3.5(a)の場合に比べ，ゆっくりと多形Iへ緩和する．種結晶のないまったくの液体から結晶Iが析出するのに時間がかかるため，緩和も遅くなる．再固化ののち再び昇温すると，結晶Iの融点T_{m1}でまたILへ融ける．したがって，多形IとIIがモノトロピックな関係にあるときは，加熱速度が遅いほど二重融解挙動がはっきり現れる．

　以上のように，IとIIがエナンチオトロピックな関係にあるときは加熱速度が速いほど，またモノトロピックな関係にあるときは逆に加熱速度が遅いほど二重融解挙動が観測しやすい．そのため，二重融解挙動の確認には，示差走査熱分析で加熱速度を変え，そのつど新しい試料を使う必要がある．いったん加熱した試料は，室温に戻したときに最初の結晶形と同じだという保証はないので，試料を更新しなければならない．

　また，二重融解挙動は昇温時だけ起こり，冷却時には決して起こらないことに注意したい．G-Tダイアグラム上で緩和は必ず下向きにしか起こらないからである．上向きに起こるとすると，緩和は熱力学第二法則（エントロピー増大の法

則）に反する．

また図3.5 (b) の G-T ダイアグラムに戻って考えよう．T_{m1} より高温側にある IL を急冷したとき，T_{m1} を過ぎても多形 I にならず，さらに T_{m2} を過ぎても多形 II にならずに，過冷却（supercooling）されることがある．この過冷却した IL が緩和すると，一般には最近接の多形 II になる傾向が強く（式 (3.1) (b)），I にはなかなか落ちない．過冷却した IL は粘性が高く，分子回転がしにくくなるため，最安定な配向をとるよりまず準安定な配向で固化するためである．この現象は，準安定多形を作るのに用いられる．

3.2.5 二重融解挙動を体験できる標準物質

身近な物質では，硫黄が二重融解挙動を示す．硫黄は王冠状の S_8 分子で，2つの結晶多形 S_α, S_β をもつ．S_α は斜方晶系硫黄，S_β は単斜晶系硫黄といい，次のような二重融解挙動を示す．

$$S_\alpha \xrightarrow{95.5℃} S_\beta \xrightarrow{119℃} IL \qquad (3.3)$$
$$\searrow_{112℃} IL \nearrow_{緩和}$$

硫黄は安く大量に手に入るので，簡易型偏光顕微鏡つき融点測定器があればたやすくこの二重融解挙動がみられる．学生や初学者に最も適した二重融解挙動観測用の標準試料である．

3.3　結晶多形と共融点

3.3.1　多形をともなう2成分系の相図：複数の共融点が観測される原因1

多形は2成分系でもよく現れる．例として，図3.6に，ヘキサクロロシクロヘキサンの α, δ 異性体の2成分相図を示す．δ 異性体は2つの結晶多形をもち，それぞれの融点は簡単に測れる．この δ 異性体と，結晶形が1つしかない α 異性体を混合すると，2つの共融点（eutectic point）が観測できる．つまり，多形の数どうしをかけ合わせた数の共融点が観測できる．図3.7は，3つの多形をもつ γ-ヘキサクロロシクロヘキサンと，2つの多形をもつ δ 異性体との2成分系相図で，3×2=6個の共融点が存在し，図3.6に比べて複雑な相図を示す．

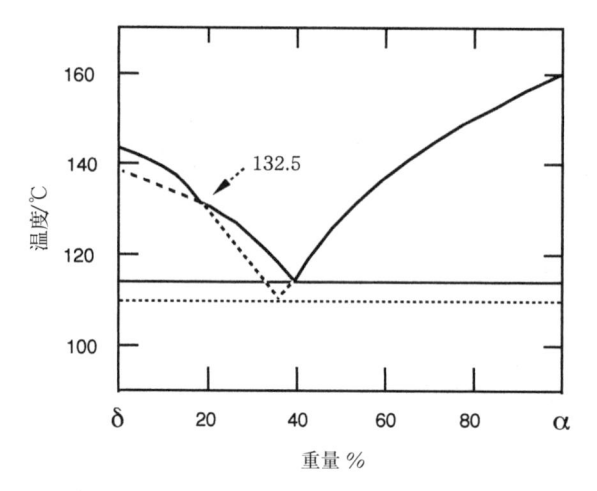

図 3.6 α-ヘキサクロロシクロヘキサンと δ-ヘキサクロロシクロヘキサンの2成分系相図
δ-異性体は2つの結晶多形ⅠとⅡをもつので，共融点は（$2\times1=2$）個存在する．

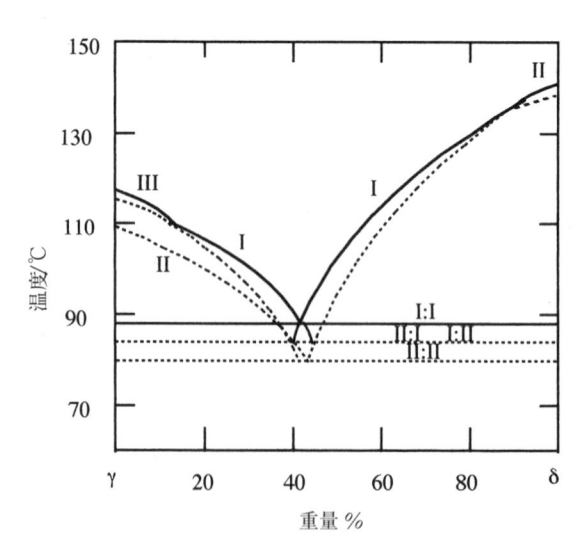

図 3.7 γ-ヘキサクロロシクロヘキサンと δ-ヘキサクロロシクロヘキサンの2成分系相図
γ-異性体は結晶多形を3つ，δ-異性体は2つもつので，理論的には共融点は（$2\times3=6$）個が存在する．

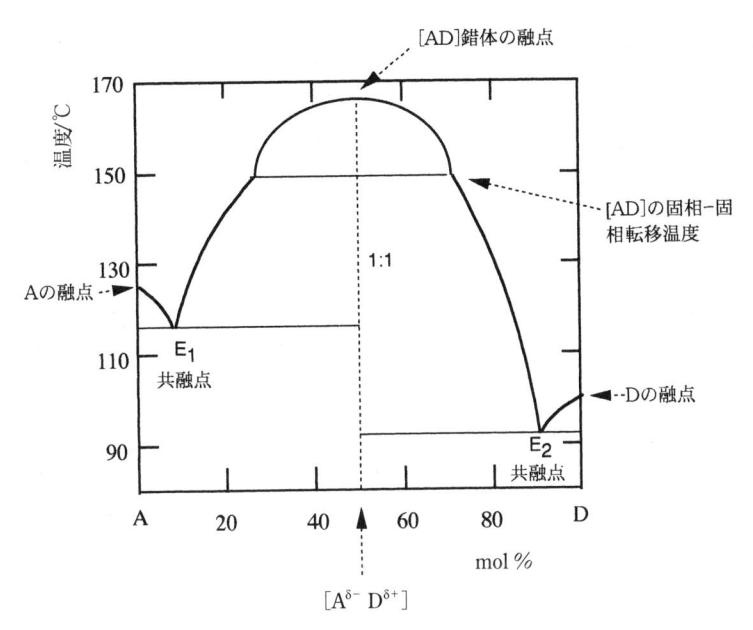

図 3.8 1,3,5-トリニトロベンゼン (A) とフェナントレン (D) の 2 成分系相図
1:1 の電荷移動錯体 [AD] の調和融点が 50 mol % のところに存在する.

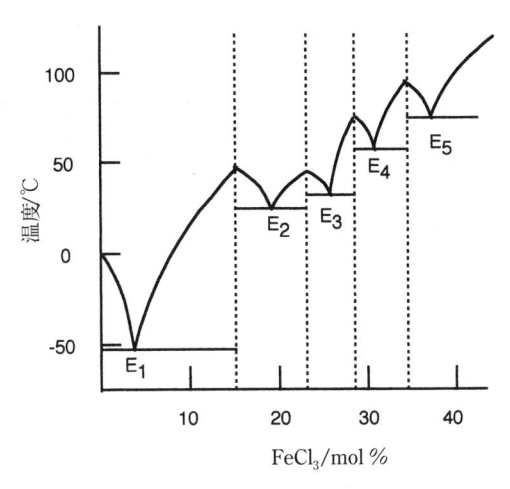

図 3.9 塩化第二鉄と水系の 2 成分系相図

3.3.2 付加化合物（分子間化合物）を形成する2成分系の相図： 複数の共融点が観測される原因2

1, 3, 5-トリニトロベンゼンとフェナントレンを混ぜると，前者が電子受容体（A：アクセプター），後者が電子供与体（D：ドナー）となった1:1の電荷移動錯体 $[A^{\delta-}D^{\delta+}]$ ができる．こうした場合にも相図には，2つの共融点が現れる．図3.8に，[A]と[AD]の共融点 E_1 と，[AD]と[D]の共融点 E_2 を示す．2枚の2成分相図が並んでいるとみてもよい．[AD]の融点は50 mol%のところに存在し，調和融点（congruent melting point）という．[AD_2]型の分子間化合物ができれば，Aが33.3 mol%のところに[AD_2]の調和融点がみえる．したがって，このような2成分系相図を作ると，分子間化合物の成分比が求められる．

H_2O-Fe_2Cl_6 系は $Fe_2Cl_6 \cdot xH_2O$（x = 12, 7, 5, 4）という4つの分子間化合物を作り，相図にはそれぞれ4つの融点と5つの共融点が現れる（図3.9）．ある2成分系で n 個の分子間化合物ができれば，(n + 1) 個の共融点が観測される．

3.4　溶液相転移と準安定多形の作り方

3.4.1　溶液相転移

多形 I ⇌ II の固相-固相転移を偏光顕微鏡で観察するには，図3.10 (a) のように，多形 I と II を隣接させ，境界がどちらへ進むかで転移温度をみる．境界がどちらへも動かなくなった温度が固相-固相転移温度になる．しかし純固相中では分子の再配列が進みにくいため，過加熱（superheating）や過冷却（supercooling）が起こりやすく，正確な温度は求めにくい．

固相-固相転移温度を正確に求めるには，まず図3.10 (b) のように，多形 I と II の混合物にごく少量の貧溶媒を加える．多形 I も II も少しは溶けるが，両者が共存するように調整して試料を作る．

この試料を加熱または冷却し，多形 I と II のどちらか一方が太ったり，やせたりするのを偏光顕微鏡で観察する．両者が太りもやせもしない温度が固相-固相転移温度に当たる．この方法を溶液相転移（solution phase transformation）の方法という．希薄な濃度の溶液を介して，分子の再配列を容易にするため，正確に温度が求められる．それを熱力学で説明すると次のようになる．図3.10 (b) の多形 I, 多形 II, 溶液 S の化学ポテンシャル（＝ギブズ自由エネルギー）G を，

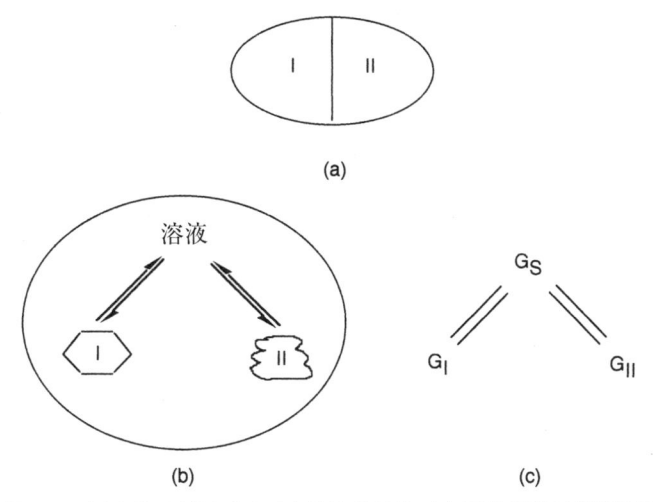

図 3.10 (a) 固相-固相転移と (b) 溶液相転移 (c) 固相-固相転移温度が溶液相転移の方法で観測できる熱力学的理由

それぞれ図 3.10 (c) のように G_I, G_{II}, G_S とする．温度を変えると，多形 I が溶液中から析出して太ったり，溶液へ溶出してやせたりする．ある温度で多形 I が太りもやせもしなければ，多形 I のギブズ自由エネルギー G_I と溶液のギブズ自由エネルギー G_S が等しい．つまり $G_I = G_S$ が成り立つ．同様に，多形 II のサイズが変わらないなら，$G_{II} = G_S$ だから，$G_I = G_S = G_{II}$ となり，この温度でまさに多形 I ⇌ II の平衡が成り立っていることがわかる．

3.4.2 準安定多形の作り方

準安定多形を作るには，次のようにする．① 求める多形が安定多形である温度範囲に置く．上述の溶液相転移を利用すると，より速く作れる．また，② 融解物（IL）を急冷して過冷却すると，安定多形が現れる前に準安定多形が現れるので，このことを利用する．さらに複数の準安定多形がある場合には，より素早く過冷却したほど，より準安定な多形を得ることができるので，より濃い熱溶液をより少量とって急冷する．

ここで準安定多形の保存の仕方について注意が必要である．準安定多形の安定性は結晶の大きさが決定的要因である．準安定多形は大きな結晶になるほど不安定であり，小さな結晶になるほど安定である．それは，安定多形への緩和はある一定の確率で起こるので，もし大きい結晶の一部が緩和して安定多形の種ができ

ると，それが結晶全体へ急速に波及してしまうためである．しかし，もし小さい結晶だと，安定多形に緩和しても隣接する別の結晶には波及しないので安定に存在できる．したがって，準安定多形は微粉末にして保存する．

3.5　2つの試料が同一化合物の多形かどうかの確認法

① 2つの試料があって，結晶の軸比，屈折率，密度，X線粉末パターンは異なるが，互いに固相-固相転移または溶液相転移を起こすなら，同一化合物の多形だと判断してよい．

② 2つの結晶を混ぜ，最初の融点まで加熱して保ったとき，融けずに残った結晶を種にして融液が完全に結晶化すれば，2つは同一化合物の多形である．一方，結晶と融液の混合物のままなら2つは別の化合物である．

③ カバーガラスに2つの試料をはさみ，溶媒を滑り込ませて顕微鏡で観察したとき，溶液相転移が観測されたなら，2つは同一化合物の多形である．

④ 2つの試料を一緒に加熱したとき，1つが固相-固相転移したのち，2つとも同一温度で融解したなら，2つは多形である可能性が高いが，証明ではない．もし，加熱中に1つの結晶形が融解したあと，もう1つの結晶形が種になって完全に再結晶化し，さらに加熱したときにただ1個の融点を示せば（つまり二重融解挙動が認められれば），2つは同一化合物の多形である．

Tea time　座薬：多形現象の応用

座薬は，テオブロマ油（theobroma oil：テオブロマ・カカオからとった油，チョコレートの原料）を基剤にしている．テオブロマ油は3つの結晶多形をもち，それぞれ融点が異なる．

テオブロマ油を60〜70℃に熱して完全に融解させ，解熱剤などを加えてから素早く鋳型に入れ冷蔵庫で冷やすと，融点30℃の座薬ができ，これは体内で融ける．しかし，室温でゆっくり冷やすと，体温で融けない高温多形ができてしまう．そのため座薬は，入手したらすぐ冷蔵庫に入れて保存しなければならない．保存が悪くて，融点が体温より高い多形になると，体内で融けずにひどいことになってしまう．

文　献

1) G. W. Gray, J. W. Goodby, "Smectic Liquid Crystals, Textures and Structures", Leonard Hill (1984).
2) W. C. MacCrone, "Physics and Chemistry of Organic Solid State Vol. II", Chap. 8 Polymorphism, D. Fox, M. M. Labes, A. Weissberger (eds.), p. 762, John Wiley & Sons (1965).
3) J. Haleblian, W. C. MacCrone, "Pharmaceutical applications of polymorphism", *J. Pharm. Sci.*, **58**, 911 (1969).
4) D. Chapman, "The polymorphism of glycerides", *Chem. Rev.*, **62**, 433 (1962).

4. 冷却・加熱

 化学反応は一般に熱の出入り（エンタルピーの変化）をともなう．そこで，反応をコントロールするために冷却や加熱が必要となる．以下では，冷却・加熱に用いる浴について述べる．

4.1 氷浴冷却浴

 氷は手軽な常用の寒剤であり，氷水浴は冷却浴として頻繁に用いる．氷水浴の温度は4℃だが，合成実験書などでは慣用的にこれを0℃と表現しているものが多い．氷と無機塩を混ぜて共晶とすればさらに低い温度を作り出せる．よく知られているものに，氷3に食塩1を加えた氷塩浴があり，−20℃程度までの低温が作れる．ざらめ氷を食塩とよく混ぜ，かゆ状にして調製する．氷と食塩の割合を変えれば−20℃から−5℃の範囲で温度を設定できる．さらに低温を作り出すための塩には塩化カルシウムがある．氷3.5から4に対し塩化カルシウム六水和物5を加えたものは，−40から−50℃にも下がる．

4.2 ドライアイス・液体窒素冷却浴

 ドライアイス（昇華点−78℃），液体窒素（沸点−196℃）ともに室温との温度差が大きいため，これらの寒剤を用いる冷媒の容器には外部から熱が伝播しにくいものを選ぶ必要がある．そうしないと冷却能力が落ちやすく，頻繁に寒剤を加えねばならなくなる．容器としてはデュワー瓶が一般的だが，ドライアイスの場合なら，まわりを断熱材で覆ったガラスバスでもよい．使う際は，冷却浴の上部

をアルミホイルやタオルで覆っておくとよい．そうすれば冷媒に接した空気と外部の空気との熱交換が抑えられ，長時間低温を持続させられる．また，空気中の水分が冷媒に入り込むのを防ぐ意味もある．

　ドライアイスは固体の二酸化炭素で，昇華性がある．融点が$-78\,℃$以下の液体を冷媒にすれば，$-78\,℃$の冷却浴がたやすく作れる．冷媒としてはエタノール，メタノール，アセトン，ヘキサンなどを用いる．調製の際，冷媒にドライアイスを加えると，特に室温付近ではドライアイスの急激な気化による発泡が著しく，冷媒のふきこぼれが起こりやすい．あらかじめ粉砕したドライアイスを少量加え，発泡が収まるまで待ってからまた少量加える，という方法が好ましい．また逆に，あらかじめドライアイスを入れたデュワー瓶に冷媒をゆっくり加えていけば，発泡はかなり緩和される．なお，冷却浴の調製の際には冷媒蒸気がかなり生じるので，冷媒の毒性，引火性などに注意する．冷媒は繰り返し使用できるが，エタノール，メタノール，アセトンなど，水と混じり合うものを長時間使用していると，空気中の水分が徐々に冷媒に混じって，低温にしたとき粘ちょうになる．こうなると温度勾配ができやすく，ふきこぼれの原因となるので，冷媒を新しいものと取り替える．

　融点が$-78\,℃$以上の冷媒も使える．その場合，冷却浴の温度は冷媒の融点となる．粉砕したドライアイスを冷媒に少しずつ加え，ときどきガラス棒などでかくはんしたり塊を壊したりして全体を均一なスラリー状にする．ドライアイスを加えすぎると冷媒が凍結して冷却浴内に温度分布が生じ，温度コントロールが難しくなる．長時間にわたって温度を一定に保つには，こまめに様子を観察して少しずつドライアイスを足す．

　有機物を用いて表 4.1 に示したような温度の冷却浴が作れる．また，塩化カルシウム水溶液とドライアイスを組み合わせれば，塩化カルシウムの濃度に応じて最低$-50\,℃$までの冷却浴になる．

　温度$-196\,℃$の液体窒素も，さらに低温の冷却浴の調製に使える．多くの有機溶媒の凝固点は液体窒素温度より高いので，液体窒素そのものは化学反応の冷媒に使うことはほとんどなく，溶媒の凍結脱気や真空ポンプのコールドトラップの冷却に用いる．コールドトラップに空気が入り込むと，強力な酸化剤の液体酸素（沸点$-183\,℃$）がトラップ中にたまり，そこに有機物があると爆発することもあるため，長時間開放系にしないよう注意する．

表 4.1 有機物とドライアイスを用いた冷却浴

有　機　物	温度/℃
エチレングリコール	−10.5
o-キシレン	−29
アセトニトリル	−41
m-キシレン	−47
マロン酸ジエチル	−50
オクタン	−56

表 4.2 有機物と液体窒素を用いた冷却浴

有　機　物	温度/℃
酢酸エチル	−84
1-ブタノール	−89
アセトン	−95
メタノール	−98
エタノール	−116

　ドライアイスと同様，適当な融点をもつ冷媒と混ぜてスラリー状にすれば，種々の温度の冷却浴が作れる．表 4.2 に例を示す．

4.3　加　熱　浴

　加熱浴には，使用温度に応じた容器を用いる．一般には金属性の容器だが，はんだづけ加工してあるものははんだが融解する恐れがあるので使用してはならない．水浴，油浴にはガラスバスも使用できるが，破損しやすいので，反応の様子を観察したい場合など限られたときにだけ使用する．

　100℃までの加熱ならば水浴が使える．毒性がなくて燃えず，フラスコの外壁を汚さない水は，主にエバポレーター用の加熱浴として用いる．蒸気の一部が反応容器の外壁で凝結し，容器の連結部から系内に入り込む恐れがあるため，ナトリウムや酸クロリドなど，水と反応する物質を用いる場合の加熱浴としては薦められない．

　100℃以上の加熱には油浴を用いる．ナタネ油，ゴマ油などの植物油は安価で，最高 300℃程度まで加熱できるが，実際には 250℃を越すと発煙するので，それ以下の温度で使うのが望ましい．長期間使用するとだんだん酸化で茶色になり，室温での粘度も高くなる．そのようなものはさらに低い温度で発煙が始まる．油浴加熱でフラスコの外壁についた油は，まだ熱いうちに紙でぬぐい，さらにヘキサンをしませた紙で拭えば取り除ける．使用中に水が混入するとはねて危険なので，油浴加熱の反応装置を組み立てる際には，冷却管に通ずる水のゴム管などに漏れがないか確かめる．

　より高温に耐えるものとしてシリコーン油がある．200℃付近で長時間使用しても変質しない特長がある半面，値段が高く，用いた器具が洗浄しにくいという

欠点がある．

　さらに高い温度が必要なときは無機塩浴を使う．最も一般的なものとして，亜硝酸ナトリウム，硝酸ナトリウム，硝酸カリウムを 40：7：53 の質量比でまぜた HTS 混合物があり，150～500 ℃の加熱に使える．これは，硝酸ナトリウムと硝酸カリウムだけの混合物（230～500 ℃）に比べ，酸化力が弱くて安全性が高い．

5. 乾　　燥

5.1 液体の乾燥法と乾燥剤

5.1.1 液体の乾燥法

　乾燥の対象となる液体は，有機溶媒，一般の液体有機物，有機反応後の抽出液の3つに大別できる．
　有機溶媒の乾燥（各論は第2章）は，一般に次の操作からなる．
　①　乾燥剤を加えて一昼夜ほど放置した後，沪過またはデカンテーションをするか，乾燥剤を充填したカラムに通じる．（予備乾燥）
　②　乾燥剤を加えて蒸留する．
　水分の存在を極端に嫌う反応に用いる溶媒でなければ，操作①だけで済ませることもできる．一度乾燥させた溶媒も時間の経過にともない再び吸湿するので，乾燥直後に用いるのが好ましいが，現実には，ある程度の量をまとめて蒸留しておき，それを少しずつ使う場合が多い．このため，
　③　蒸留したものに乾燥剤を入れて保存する．
という操作も必要になる．
　一般の液体有機物の乾燥も有機溶媒に準ずる．乾燥させる液体が少量（25 mL以下程度）で，かつ未開封のものなら，絶対含水量が少ないと考えられるので操作①を省いてもよい．蒸留後の吸湿を防ぐ手段として，アンプル中に封管しておく方法もある．
　有機反応後の抽出液は，硫酸ナトリウムか硫酸マグネシウムを加えて室温で数十分ほどかくはんするか，数時間から1晩くらい静置すれば乾燥できる．

表 5.1 水和物形成を利用する乾燥剤

乾燥剤	脱水速度	脱水容量 (最大水和度)	脱水力	備　考
硫酸ナトリウム	△	◎ (10)	△	汎用．安価．33 ℃以下で使用
硫酸マグネシウム	○	◎ (7)	○	汎用．48 ℃以下で使用[a]
硫酸カルシウム	◎	△ (0.5)	◎	汎用．商品名 Drierite. 沸点 100 ℃以下の物に用いるときそのまま蒸留可．高価だが，235 ℃，2〜3 時間の加熱により再生可能
塩化カルシウム	△	◎ (6)	△	炭化水素，ハロゲン化炭化水素，エーテル，エステル用．安価．30 ℃以下で使用
水酸化カリウム	◎	△	◎	アミン用．吸湿により表面に飽和溶液を形成．沸点 100 ℃以下の物に用いるときそのまま蒸留可．
水酸化ナトリウム	◎	△	○	アミン用．吸湿により表面に飽和溶液を形成
炭酸カリウムおよび炭酸ナトリウム	○	○ (2)	△	エステル，ニトリル，ケトン用．酸性化合物には不可

a) 水和度の高い硫酸マグネシウムはエーテルに溶けるため，エーテルの乾燥に硫酸マグネシウムを用いるときは，一度に大量に加えたほうがよい．

5.1.2　乾　燥　剤

乾燥剤は，乾燥の原理から，水和物形成に基づくもの，水との反応に基づくもの，水の物理吸着に基づくもの，の 3 つに大別できる．

① 水和物形成に基づくもの（表 5.1，主として上記の操作①に用いる）

表中の脱水容量とは，乾燥剤単位量当たり脱水可能な水の量をいい，脱水速度とは脱水平衡に到達する速度，脱水力とは乾燥剤が水和物となったときの水和水の保持能力である．これらの間のバランスは乾燥剤ごとに異なるため，目的に応じたものを選ぶ．乾燥容量の大きいものは温度を上げると結晶水を放出するから，蒸留などで加熱する前に必ず除いておく．

② 反応による脱水に基づくもの（表 5.2，主として操作②に用いる）

脱水は不可逆的で，脱水力は強い．いずれも水と激しく反応するため，使用後の処理に注意する．原則としては，反応させて分解した後中和して廃棄する．粉末の乾燥剤は，蒸留中に蒸気にまき上げられて留分に混じることがある．それを防ぐには蒸留管の途中にグラスウールやグラスビーズをつめておくとよい．

表 5.2 水との反応を利用する乾燥剤.

乾燥剤	反応生成物	適 応	分解処理	備 考
金属ナトリウム	H_2, NaOH	エーテル類, 飽和炭化水素, 芳香族炭化水素	ドラフト内で大量のエタノールに少しずつ加える.	ナトリウムプレスで線状としたものがよい. 過酸化物を還元する. 表面に水酸化ナトリウムの被膜が生じると効力が落ちる[a]
水素化カルシウム	H_2, $Ca(OH)_2$	炭化水素, アミン, エステル, DMSO, DMF, t-ブチルアルコール	ドラフト内で大量のエタノールまたはメタノールに少しずつ加える.	灰色の粒状または粉状で, 水との反応で生じた水酸化カルシウムが崩れ落ちて常に新しい表面が出るため, 乾燥効率はよい. 空気中でも比較的安定で取扱い容易
水素化アルミニウムリチウム	H_2, LiOH, $Al(OH)_3$	ジエチルエーテル, テトラヒドロフラン, ジメトキシエタン	懸濁液に飽和塩化アンモニウム水溶液か酢酸エチルを少しずつ加える.	過酸化物を還元する. 125℃で分解するため, 蒸留時に蒸発乾固しないよう注意し, また, 沸点が100℃以上のものには用いない
酸化カルシウム (生石灰)	$Ca(OH)_2$	低級アルコール, ピリジン, DMF, DMAc	大量の水に少しずつ加える.	安価. 灰白色の塊状. 放置して粉末になったものは水酸化カルシウムや炭酸カルシウムなので使用しない
五酸化リン	メタリン酸	炭化水素, ハロゲン化炭化水素, ニトリル, 酸無水物	エタノール, ついでメタノールを加えて数日放置する.	白色粉末. 空気中で急速に吸湿するので手早く取り扱う. 表面にメタリン酸の皮膜ができたものは脱水能が低い. 脱水反応を起こす化合物には使用不可

[a] ベンゾフェノンとの反応でできる青〜紫色のケチルラジカルは, より強力な脱水剤である

③ 水の物理吸着に基づくもの

活性アルミナ：カラムに充填し, 乾燥させたい液体を通す. 脱水力は強くて脱水容量も大きく, 含まれる過酸化物も取り除ける. 使用後, 175℃で6〜7時間加熱すれば再生する. 炭化水素, クロロホルム, ピリジン, ベンゼン, エーテル類に適する.

モレキュラーシーブ：操作③によく用いる（詳しくは5.4節参照）.

5.2 デシケーター用乾燥剤と乾燥能力（固体の乾燥法）

固体を乾燥する場合は, 液体の場合とは違って, 乾燥剤と被乾燥物を接触させることはできない. そのため, 閉じた空間内で, 気相を介し水分を乾燥剤へ移動

表5.3 デシケーター用乾燥剤

乾燥剤	平衡水蒸気圧/mmHg	適 用
五酸化リン	2×10^{-5}	中性・酸性固体
濃硫酸	4×10^{-4} (95％硫酸) 5×10^{-3} (90％硫酸) 9×10^{-2} (80％硫酸)	中性・酸性固体
水酸化カリウム	2×10^{-3}	中性・塩基性固体．揮発性の酸を除くのにも有効
青色シリカゲル	2×10^{-3}	汎用
酸化カルシウム（生石灰）	3×10^{-3}	中性・塩基性固体
塩化カルシウム	2×10^{-1}	汎用．アルコールも吸収する

させて乾燥する．乾燥剤としては表5.3に示したようなものを用いる．

器具としてはデシケーターを用いるが，底部に乾燥剤を直接入れるのではなく，乾燥剤を入れたシャーレなどを置いておけば，容れ物ごと交換ができる．コックつきのデシケーターを用いれば，減圧にできて乾燥が速められる．

5.3 気体の乾燥法

気体の乾燥は，乾燥剤に水蒸気を吸収させるところが固体の乾燥と共通しているため，表5.3に示したデシケーター用の乾燥剤を主に用いる．微量の水分を除くには硫酸カルシウム（平衡水蒸気圧 5×10^{-3} mmHg）も適する．乾燥剤が固体の場合は，U字管などのガラス管に詰め，乾燥したい気体を通じる．潮解性の乾燥剤は，吸湿して流路を塞いでしまうことがあるので交換時期に注意する．濃硫酸で乾燥させる場合には洗気瓶を用いる．飛沫を止めるため，出口にグラスフィルターをつなぐとよい．水酸化カリウムと酸化カルシウムはアンモニアやアミン類の乾燥に，それ以外の乾燥剤は水素，窒素，一酸化炭素，二酸化炭素，二酸化

表5.4 反応性の気体用乾燥剤

気 体	乾 燥 剤
塩化水素，オレフィン，塩化アルキル	塩化カルシウム
酸素	塩化カルシウム，五酸化リン
硫化水素，一酸化窒素	五酸化リン
塩素，三フッ化ホウ素	硫酸

硫黄，パラフィンなどの乾燥に適する．気体と乾燥剤が接触するので，反応性のある気体を乾燥させたい場合は適切な乾燥剤を選ぶ（表 5.4）．

乾燥させたい気体の沸点が十分低い場合は，コールドトラップを通し，水分を凝結させて除くのも一法となる．例えば，ドライアイス-エタノールのコールドトラップを用いると，水蒸気圧を 9×10^{-4} mm Hg まで下げられる．

5.4 モレキュラーシーブ

モレキュラーシーブとは結晶性合成ゼオライトのことで，成分はアルミノケイ酸塩である．結晶格子のすきまの細孔に水などを吸着するが，細孔の径より小さい分子だけが吸着されるため，「分子ふるい」の名をもつ．市販品を表 5.5 に示す．主として脱水に使うが，水以外の小分子を除くのにも使える．脱水力は強く，200 ℃でも低下しない．

多量の結晶水を含んでいるので，350 ℃で 2 時間ほど乾燥し，結晶水を追い出してから用いるとよい．簡便には，電子レンジを用いることもできる．十分に乾燥したものは自重の 18 ％まで水を取り込めるが，乾燥させる液体を加えるときに激しく発熱する場合があるので注意する．

なお，アセトン，1, 1, 1-トリクロロエタン，メチル-t-ブチルエーテルは，モレキュラーシーブ 4A が存在すると反応して不純物を生じるため，乾燥にモレキュラーシーブは使えない．

表 5.5

名称	細孔径/Å	化学式	乾燥できる溶液の例
3A	3	$K_9Na_3[(AlO_2)_{12}(SiO_2)_{12}] \cdot 27H_2O$	メタノール，エタノール，1-プロパノール
4A	4	$Na_{12}[(AlO_2)_{12}(SiO_2)_{12}] \cdot 27H_2O$	ヘキサン，ジクロロメタン，エーテル，ベンゼン，DMF，DMSO，ピリジン，ニトロメタン
5A	5	$Ca_{4.5}Na_3[(AlO_2)_{12}] \cdot 30H_2O$	テトラヒドロフラン，ジオキサン
13X	10	$Na_{86}[(AlO_2)_{86}(SiO_2)_{106}] \cdot xH_2O$	HMPA

6. 酸・塩基

6.1 有機化合物と無機化合物の酸・塩基強度

Brønstedは，プロトンH^+を出すのが酸，水酸化物イオンOH^-を出すのが塩基というArrheniusの酸-塩基の定義を一般化して，プロトンを放出できる物質が酸，プロトンを受け取れる物質が塩基と定義した．このように酸$\rightleftharpoons$塩基$+H^+$と表すことができる酸・塩基をブレンステッド酸・塩基という．水溶液中でのH^+は溶媒の水と結合したH_3O^+の形で存在するが，通常，平衡は溶媒を省略して表すため，酸の解離定数K_aは次式のようになる．

$$HA(酸) + H_2O(塩基) \rightleftharpoons H_3O^+(水の共役酸) + A^-(HAの共役塩基)$$

表6.1 無機化合物の酸解離定数（25 ℃）

化合物	構造式	解離段	pK_a
塩酸	HCl		−8
青酸	HCN		9.21
炭酸	H_2CO_3	1	6.35
		2	10.33
フッ化水素酸	HF		3.17
硫化水素	H_2S	1	7.02
		2	13.9
硫酸	H_2SO_4	2	1.99
リン酸	H_3PO_4	1	2.15
		2	7.20
		3	12.35

$$K_a = \frac{a_{H^+}a_{A^-}}{a_{HA}}$$

$$pK_a = -\log K_a = -\log a_{H^+} - \log\frac{a_{A^-}}{a_{HA}} \tag{6.1}$$

表 6.2 有機化合物の酸解離定数（25 ℃．a：18 ℃, b：20 ℃）

化合物	解離段	pK_a	化合物	解離段	pK_a
アジピン酸	1	4.26	サリチル酸	1	2.81
	2	5.03		2	13.4
アスパラギン酸	1	1.93	シアノ酢酸		2.47
	2	3.70	ジクロロ酢酸		1.30
	3	9.63	システイン	1	1.92
アデノシン	1	3.44		2	8.37
	2	12.35		3	10.70
アニリン		4.65	シチジン	1	4.08
アラニン	1	2.30		2	12.5
	2	9.69	N,N-ジメチルアニリン		5.15
安息香酸		4.00	シュウ酸	1	1.04
イミダゾール		6.95		2	3.82
ウリジン		9.38[b]	2′-デオキシチミジン		9.93[b]
エチレンジアミン	1	7.08	トリエタノールアミン		7.76
	2	9.89	トリエチルアミン		10.72
ギ酸		3.55	トリクロロ酢酸		0.66
グアノシン	1	1.8	トリメチルアミン		9.80
	2	9.13	ニトロ酢酸		1.46[a]
クエン酸	1	2.90	ヒスチジン	1	1.7
	2	4.34		2	6.02
	3	5.66		3	9.08
グリシン	1	2.36	ピリジン		5.42
	2	9.57	フェニル酢酸		4.10
グルタミン酸	1	2.18	フェノール		9.82
	2	4.20	o-フタル酸	1	2.95
	3	9.59		2	5.41
グルタル酸	1	4.13	p-フタル酸	1	3.54
	2	5.01		2	4.46
クロロ酢酸		2.68	プロピオン酸		4.67
コハク酸	1	4.00	マレイン酸	1	1.75
	2	5.24		2	5.83
酢酸		4.56	N-メチルイミダゾール		6.95

a はそれぞれの活量で,濃度に活量係数 γ をかけたものである.希薄溶液中では活量係数は 1 とみなせるから,活量は濃度で近似できる.表にはブレンステッド酸の強さを表す解離定数 K_a を pK_a として示す.pK_a の値は,HA と A$^-$ の濃度が等しくなるときの pH にほかならない(表 6.1, 6.2).

なお Lewis は酸塩基の概念をさらに拡張して,電子対供与体を塩基,電子対受容体を酸と定義し,非プロトン性溶媒中における酸塩基挙動や,AlCl$_3$ などが酸としてふるまう現象などを説明した.

6.2 超強酸・超強塩基

100％硫酸より強い酸を超強酸といい,フッ素を含む酸に例が多い.このような強いブレンステッド酸に,同じくフッ素を含むルイス酸を組み合わせると,さらに強い超強酸となる.また Nafion-H® はスルホン酸残基をもつ含フッ素イオン交換樹脂で,やはり超強酸性を示す.溶質にプロトンを与える能力がたいへん大きく,様々な反応の触媒に利用されている.

pH の測定が難しいほどの強酸性溶液では,酸としての強さは Hammett の酸度関数 H_0 で表す.これは酸の解離を直接測定するのではなく,酸溶液に加えた塩基がどれほどプロトン化されるかを測って酸溶液のプロトン供与能を見積もる方法である.酸の溶液に中性塩基 B を加えると,B がプロトン化されて共役酸 BH$^+$ となるが,この平衡 BH$^+$ ⇌ B+H$^+$ の解離定数 K_a は式(6.1)と同様

$$pK_a = -\log a_{H^+} - \log \frac{a_{BH^+}}{a_B} = \log \frac{c_{BH^+}}{c_B} - \log \left(a_{H^+} \frac{\gamma_B}{\gamma_{BH^+}}\right)$$
$$= \log \frac{c_{BH^+}}{c_B} + H_0 \qquad (6.2)$$
$$\text{ただし } H_0 = -\log \left(a_{H^+} \frac{\gamma_B}{\gamma_{BH^+}}\right)$$

と表せる.ここで c はそれぞれの濃度を表す.式(6.2)から明らかなように,酸溶液のプロトン供与能が高い,つまり溶液内でプロトン化された共役酸 BH$^+$ の濃度 c_{BH^+} が高いほど,H_0 は負に大きくなる.多くの塩基で γ_B/γ_{BH^+} は一定であるから,H_0 は塩基の種類によらず酸溶液固有の酸の強さを表す尺度となる.主な超強酸の酸度関数 H_0 を表 6.3 に示した.

一方,アルキルリチウムとカリウムアルコラートの混合物など,塩基として非常に強いものを超強塩基と呼ぶが,超強酸のような明確な定義はない.超強塩基の強さも,超強酸の場合と同様,超強塩基の溶液に加えた酸 HA の解離平衡 HA

表 6.3 主な超強酸の酸度関数

超強酸			$-H_0$
液体超強酸[a]	$H_2S_2O_7$		14.44
	$HClO_4$		~ 13.0
	$ClSO_3H$		13.80
	HF(液体)	$+ SbF_5$ (1 mol %)	20.5
	FSO_3H		15.07
		$+ SbF_5$ (10 mol %)	18.94
		$+ SbF_5$ (90 mol %)	26.5
		$+ TaF_5$ (2 mol %)	16.7
	CF_3SO_3H		14.1
		$+ SbF_5$ (2 mol %)	18
		$+ TaF_5$ (2 mol %)	16.5
	$C_2F_5SO_3H$		14.0
		$+ SbF_5$ (1 mol %)	18.95
固体超強酸[b]	SiO_2-Al_2O_3		$11.35 \sim 12.70$
	SbF_5/SiO_2-Al_2O_3[c]		$13.75 \sim 14.52$
	$AlCl_3$-$CuSO_4$		$13.75 \sim 14.52$
	SO_4/SnO_2[d]		$16.04\geq$
	SO_4/TiO_2[d]		$14.52 \sim 16.04$
	$Zr(SO_4)_2$		$12.70 \sim 13.16$
	Nafion-H[e]		$11 \sim 15$

a) 日本化学会編,化学便覧 基礎編 II(改訂 4 版),p. 324,丸善(1993).
b) K. Arata, *Adv. Cat.*, **37**, 165 (1990).
c) SbF_5 蒸気中に SiO_2-Al_2O_3 を曝した.
d) 対応する金属水酸化物を硫酸水溶液に曝したのち,空気中で焼成.
e) Du Pont 商標.

表 6.4 主な超強塩基

超強塩基	H_-
n-BuLi + t-BuOK[a]	
Me_3SiK + t-BuOK[a]	
NaH + DMSO	
MgO[b]	~ 26[b]
Na/MgO[b]	≥ 35[b]
K/MgO[b]	≥ 35[b]
Cs/MgO[b]	≥ 35[b]

a) M. Schlosser, *Pure Appl. Chem.*, **60**, 1627 (1988).
b) H. Matsuhashi, K. Arata, *J. Phys. Chem.*, **99**, 11178 (1995).

表6.5 主な緩衝液の組成

緩衝液	pH領域	調製法
塩酸/塩化カリウム	1.11〜2.20	0.2M 塩酸 x mL に 0.2M 塩化カリウム $(50-x)$ mL を加えて 100 mL に希釈
クエン酸/水酸化ナトリウム	2.15〜6.51[b]	2M クエン酸 10 mL に 2M 水酸化ナトリウム x mL を加えて 100 mL に希釈
フタル酸水素カリウム/塩酸	2.20〜4.00	0.1M フタル酸水素カリウム 50 mL に 0.1M 塩酸 x mL を加えて 100 mL に希釈
酢酸/酢酸ナトリウム	3.6〜5.6[d]	0.2M 酢酸 x mL に 0.2M 酢酸ナトリウム $(50-x)$ mL を加えて 100 mL に希釈
コハク酸/水酸化ナトリウム	3.8〜6.0	0.2M コハク酸 $(23.62\,\mathrm{g\,L^{-1}})$ 25 mL と 0.2M 水酸化ナトリウム x mL を 100 mL に希釈
リン酸	5.8〜8.0	0.2M リン酸水素二ナトリウム x mL と 0.2M リン酸二水素ナトリウム $(50-x)$ mL を加えて 100 mL に希釈
トリエタノールアミン塩酸/水酸化ナトリウム	6.8〜8.8[b]	0.1M トリエタノールアミン塩酸 $(18.57\,\mathrm{g\,L^{-1}})$ 50 mL と 0.1M 塩酸 x mL を 100 mL に希釈
Tris/塩酸	7.00〜9.00	0.1M Tris $(12.114\,\mathrm{g\,L^{-1}})$ 50 mL と 0.1M 塩酸 x mL を 100 mL に希釈
ホウ酸/水酸化ナトリウム	8.00〜10.20	(0.1M ホウ酸 0.1M 塩化カリウム) 50 mL に 0.1M 水酸化ナトリウム x mL を加えて 100 mL に希釈
アンモニア/塩化アンモニウム	8.25〜10.82[b]	2M アンモニア x mL と 2M 塩化アンモニウム $(10-x)$ mL を 100 mL に希釈
ホウ酸ナトリウム/水酸化ナトリウム	9.20〜10.80	0.025M ホウ酸ナトリウム十水和物 $(9.525\,\mathrm{g\,L^{-1}})$ 50 mL と 0.1M 水酸化ナトリウム x mL を 100 mL に希釈
リン酸水素二ナトリウム/水酸化ナトリウム	10.90〜12.00	0.05M リン酸水素二ナトリウム $(7.10\,\mathrm{g\,L^{-1}})$ 50 mL と 0.1M 水酸化ナトリウム x mL を 100 mL に希釈
水酸化ナトリウム/塩化カリウム	12.00〜13.00	0.2M 塩化カリウム $(14.91\,\mathrm{g\,L^{-1}})$ 25 mL と 0.2M 水酸化ナトリウム x mL を 100 mL に希釈
広域緩衝液	2.6〜8.1[c]	0.1M クエン酸一水和物 $(21.01\,\mathrm{g\,L^{-1}})$ x mL と 0.2M リン酸水素二ナトリウム $(28.40\,\mathrm{g\,L^{-1}})$ $(100-x)$ mL を混和
広域緩衝液	4.4〜10.8	0.01M(ピペラジン二塩酸 $1.591\,\mathrm{g\,L^{-1}}$, グリシルグリシン $1.321\,\mathrm{g\,L^{-1}}$) 1000 mL に 1M 水酸化ナトリウム x mL を加える
広域緩衝液	2.6〜12[a]	0.0286M(クエン酸一水和物 $6.008\,\mathrm{g\,L^{-1}}$, リン酸二水素カリウム $3.893\,\mathrm{g\,L^{-1}}$, ホウ酸 $1.769\,\mathrm{g\,L^{-1}}$, ジエチルバルビツール酸 $5.266\,\mathrm{g\,L^{-1}}$) 100 mL に 0.2M 水酸化ナトリウム x mL を加えて 200 mL に希釈

(表6.5続き)

揮発性緩衝液		
トリエチルアミン/ギ酸 (または酢酸)	3～6	
トリエタノール/塩酸	6.8～8.8	
アンモニア/ギ酸 (または酢酸)	7.0～10.0	

a) 18℃, b) 20℃, c) 21℃, d) 23℃
D. D. Perrin, B. Dempsey 著, 辻啓一訳, 緩衝液の選択と応用, 講談社サイエンティフィク (1981).

酢酸/酢酸ナトリウム (23℃)

x	46.3	44.0	41.0	36.8	30.5	25.5
pH	3.6	3.8	4.0	4.2	4.4	4.6
x	20.0	14.8	10.5	8.8	4.8	
pH	4.8	5.0	5.2	5.4	5.6	

リン酸 (リン酸水素二ナトリウム/リン酸二水素ナトリウム) (25℃)

x	4.0	6.15	9.25	13.25	18.75	24.5
pH	5.8	6.0	6.2	6.4	6.6	6.8
x	30.5	36.0	40.5	43.5	45.75	47.35
pH	7.0	7.2	7.4	7.6	7.8	8.0

Tris/塩酸 (25℃)

x	46.6	45.7	44.7	43.4	42.0	40.3
pH	7.00	7.10	7.20	7.30	7.40	7.50
x	38.5	36.6	34.5	32.0	29.2	26.2
pH	7.60	7.70	7.80	7.90	8.00	8.10
x	22.9	19.9	17.2	14.7	12.4	10.3
pH	8.20	8.30	8.40	8.50	8.60	8.70
x	8.5	7.0	5.7			
pH	8.80	8.90	9.00			

$\rightleftharpoons$ H$^+$+A$^-$ から,

$$H_- = -\log a_{H^+} \frac{\gamma_{A^-}}{\gamma_{HA^-}}$$

と表せる. H_-が大きいほど強い塩基となるが, 26以上を超強塩基とする場合がある. 表6.4に代表的な超強塩基を示した. いずれもオレフィンのメタル化をはじめとする有機合成に利用されている.

6.3 緩衝液

弱酸とその塩，または弱塩基とその塩の混合物の水溶液に酸やアルカリを加えても，pHの変化は少ない．このような作用をもつ溶液を緩衝液という．様々な組合せの緩衝液があり，用いるpH域や目的に応じて選ぶ．代表的な緩衝液の組成と，使用可能なpH領域を表6.5に示す．クロマトグラフィーなど，使用後に溶媒を減圧溜去する必要があるときは残渣のない組成の緩衝液を用い，簡便に調製したいときは錠剤を加えるだけのものも市販されている．

6.4 溶解度

難溶性の塩 M_mX_n を水溶液に加えると，$M_mX_n(s) \rightleftharpoons mM^{a+}(l) + nX^{b-}(l)$（ただし $ma = nb$）という平衡が成り立ち，固相の活量は1とみなせるので，平衡関係は

$$K_{sp} = C_M^a C_X^b$$

と表せる．K_{sp} は温度と圧力だけで決まる定数で，溶解度積と呼ぶ．難溶性の塩の水溶液では，固体が溶け残っている限り，溶液中の構成イオンの溶解度積は一定となるため，カロメル電極や銀-塩化銀電極などの基準電極に使われている．また溶解度積の差を利用したイオンの定性分析も行われている．

表6.6 難溶性の塩の溶解度積（K_{sp}）

化合物	K_{sp}	化合物	K_{sp}
AgBr	5.2×10^{-13}	$Co(OH)_3$	3.2×10^{-45}
AgCl	8.2×10^{-11}	$Fe(OH)_2$	1.5×10^{-16}
AgI	8.3×10^{-17}	FeS	6×10^{-18}
Ag_2S	6×10^{-50}	Hg_2Cl_2	1.3×10^{-18}
$Al(OH)_3$	1.92×10^{-32}	$Mg(OH)_2$	1.8×10^{-11}
$BaSO_4$	1.3×10^{-10}	NiS(α)	3×10^{-19}
$CaCO_3$	4.8×10^{-9}	$Pb(OH)_2$	1.1×10^{-20}
CaF_2	4.9×10^{-11}	PbS	1×10^{-28}
CdS	2×10^{-28}	ZnS(α)	4.3×10^{-25}
$Co(OH)_2$	3×10^{-41}	ZnS(β)	3×10^{-22}

7. 元素の同位体

　同位体には，放射壊変により他の原子核に変わる放射性同位体と原子核の安定性が高くて放射壊変しない安定同位体がある．放射性同位体は1500種以上が知られているのに対し，安定同位体は274種に限られる．

　同位体を利用する立場からみると，放射性同位体には放射線の安全管理が必要なのに，安定同位体はそのような注意を要しない．このため，同じ元素ではあるが質量の異なる原子として同位体を利用するときは，主に安定同位体が対象となる．これは，安定同位体の分離・検出技術の向上によるところが大きい．かたや放射性同位体は，放射壊変にともない発生する放射線を様々な形で利用できる．

　本章では放射性同位体と安定同位体の利用について述べる．放射性同位体はトレーサーなど非密封状態でも利用されるが，これについては多くの成書[1,2]があるため本章では省略する．

Tea time　壊れて偉くなる（？）原子

　^{14}C原子はβ線（高速の電子）を出して安定な^{14}N原子に変わっていく（半減期5730年のβ^-崩壊．年代測定に利用）．原子番号6のCが壊れて7のNに昇格（？）するのはなんとなく妙だが，崩壊のしくみを見れば納得できる．^{14}C原子核内でn（中性子）→ p（陽子）+ e^-の変化が進み，核内の陽子がふえて元素の「ランク」が上がるのだ（質量はほんの少し減る）．

　いっぽう，核内の陽子pがp → n + e^+と変化して陽電子e^+が出るβ^+崩壊や，ヘリウム原子核（2p + 2n）がちぎれて飛び出すα崩壊は正真正銘の「降格」変化で，原子番号がそれぞれ1および2だけ小さくなる．

7.1 密封線源用放射性同位体

放射性同位体から出る放射線には α 線, β 線, γ 線, 陽電子線, X 線, 中性子線などがある. これらの放射線の化学分野での利用としては, 蛍光 X 線分析, メスバウアー分光法, 陽電子消滅, 摂動核相関, ガスクロマトグラフィーなどの分析法における利用と放射線化学反応の誘起が重要である[3]. 放射線の発生源としては放射性同位体を利用する. 利用環境への放射性同位体の飛散を防ぐため, これらの線源は密封した状態で用いる. 用いる放射線の種類によって, 密封状態を保ち, 放射線の放出への影響が少ないような窓材を選ぶ. 例えば, 透過性の高い γ 線については放射性同位体をステンレスなどの金属容器に封入した状態やプラスチック材に埋め込んだ状態で線源として使用することができる. しかし, α 線源などでは, このような密封状態では放射線の減衰が著しく線源としての利用は不可能である.

蛍光 X 線分析では低エネルギー γ 線または X 線を放出する同位体 (^{55}Fe, ^{109}Cd, ^{241}Am, ^{153}Gd, ^{57}Co, ^{238}Pu など) が蛍光収率の点で有利なため利用される. 各同位体の核的性質については表 7.1 に示した[4]. 放射壊変の時間変化の正確性から X 線管球に比べて X 線強度が安定な特徴がある. また, 放射性同位体の半減期が十分に長い場合には X 線源の交換頻度を小さくすることが可能であり, 低コストでの分析が可能となる.

メスバウアー分光法では ^{57}Co, ^{119m}Sn, ^{151}Sm などが用いられる (表 7.1). これらの同位体からの低エネルギー γ 線を利用して ^{57}Fe, ^{119}Sn, ^{151}Eu などのメスバウアースペクトルが測定される[5]. メスバウアー分光法用の密封線源として, これらの放射性同位体が密封された状態で市販されている.

陽電子消滅で利用される同位体としては ^{22}Na が代表的であり, 摂動核相関では ^{111}In がしばしば用いられる (表 7.1). ガスクロマトグラフィーで用いる電子捕獲型検出器には ^{63}Ni が使用されている. 放射性同位体から放出される放射線の強度が一定であることを利用した例である.

一般に, トレーサーなど非密封状態での放射性同位体の利用には, 作業者や周辺環境の安全のための特別な施設が必要である. これに対して, 密封放射性同位体の利用では, 通常の使用条件であるかぎり放射性同位体の漏洩の危険性はないから, 非密封放射性同位体の使用施設に要求されるような安全基準が必ずしも適

表 7.1 化学分野で密封線源として利用される主な放射性同位体の核的性質[4), a)]

同位体	半減期	壊変様式	主な放射線の線質
^{22}Na	2.609 y	β^+, EC	β^+, γ, X
^{55}Fe	2.73 y	EC	X
^{57}Co	271.7 d	EC	γ, X
^{60}Co	5.217 y	β^-	γ, β^-
^{63}Ni	100.1 y	β^-	β^-
^{109}Cd	462.6 d	EC	X
^{111}In	2.805 d	EC	γ, X
^{119m}Sn	293.1 d	IT	γ, X
^{137}Cs	30.04 y	β^-	γ, X, β^-
^{151}Sm	90 y	β^-	γ, β^-
^{153}Gd	240.4 d	EC	γ, X
^{238}Pu	87.7 y	α	α, γ, X
^{241}Am	432.2 y	α	α, γ, X

a) 理工学全般・農学・医薬学などでの利用を含めて，密封状態での利用が多い放射性同位体にはこの他に次のものがあげられる．
^{68}Ge, ^{85}Kr, ^{90}Sr, ^{125}I, ^{133}Ba, ^{147}Pm, ^{169}Yb, ^{192}Ir, ^{198}Au, ^{204}Tl, ^{244}Cm, ^{252}Cf

用されるわけではない．また，法令に定める数量以下の密封放射性同位体は通常の実験室や野外でも使用できるため，試験的な研究や現場分析での利用も行われている．

放射線化学反応の誘起には ^{60}Co，^{137}Cs の高強度 γ 線源が用いられる（表7.1）．これらの同位体は原子炉中性子を用いて大量に製造できる．また，これらの放射性同位体から放出される放射線についてみると，γ 線の放出確率が大きい．半減期も相当に長く，線源の交換を要する可能性が小さいこともこれらの線源の利用が有利な点である．線源からの距離や遮蔽体の厚みなどを調整することで線量密度を制御して，γ 線照射を行う．他の放射線による照射が必要な場合には，荷電粒子については加速器の利用がむしろ実用的である．また，加速器の運転条件を変えることによって荷電粒子のエネルギーなどを制御することができる点も有利である．

7.2 市販の重水素溶媒と保存取扱法

重水素化学分野では主に NMR 測定用の溶媒に利用する[6)]．重水の他に，脂肪族炭化水素（シクロヘキサンなど），ハロゲン化炭化水素（ジクロロメタン，ク

ロロホルムなど），芳香属炭化水素およびその置換体（ベンゼン，トルエン，ニトロベンゼン，ジクロロベンゼン，ピリジンなど），アルコール（メタノール，エタノールなど），エーテル（ジエチルエーテル，ジオキサンなど），アセトン，ジメチルスルホキシド，ジメチルホルムアミド，酢酸などの重水素置換体が市販されている．

溶媒としての化学純度に加えて，同位体純度も NMR 溶媒としての利用では重要である．フーリエ変換赤外分光法や質量分析などの方法も利用して，重水素による標識がなされている割合の把握が行われている．

保存の際には空気中の水分の混入を避けることが必要であり，冷暗所に乾燥した雰囲気で保管することが望まれる．安定剤が使われていない有機溶媒もあることから，光分解や酸化を防ぐ意味でも有効である．また，乾燥窒素などで空気との接触を断つことも，水分の混入を防ぐのに有効である．

また，重水素化された有機溶媒からの水分の除去を目的として，含有水分そのものを重水素化したモレキュラーシーブも市販されている．モレキュラーシーブに含有される水分による，有機溶媒の重水素化率の低下や劣化を防ぐのに有効とされている．

試料管の取扱いに際しても，十分に乾燥させて使用するなど，水分の混入を防ぐ配慮が必要である．試料管の中に重水を入れて 1 晩放置した後，重水素化されたアセトンやメタノールで洗浄するなどの方法も有効とされている．このように，重水素化された溶媒を用いた NMR 測定では，測定にかかわる様々な実験操作の中で水分の除去に注意を払う必要がある．

7.3 市販の安定同位体化合物

^{13}C および ^{15}N については様々な有機化合物が市販されており，NMR や質量分析を検出法としての研究に利用されている[6]．特に生体関連物質については多くの化合物が市販されている．また，これらの市販品を扱う業者の中には，特定部位の炭素または窒素原子の同位体標識を受注するところもある．

重水素についても，NMR 測定用の溶媒の他に，特定部位の水素原子を標識した有機化合物や生体関連物質が市販されている．これらの他にライフサイエンス関連領域での利用が盛んになっている同位体には ^{18}O がある．このように，有機

化合物や生体物質の主な構成元素である炭素・窒素・水素・酸素はいずれも安定同位体による標識が可能であり，多数の標識化合物が市販されている．

その他の元素の同位体化合物については単体，酸化物，炭酸塩などの化学形で供給されることが多い．安定で，目的元素の含有量が比較的大きい化学形が選ばれることが普通である．

従来，核・放射化学領域での需要が主であったが，金属NMR[6]やメスバウアー分光法[5]などの核的性質に基づく分光法での利用も盛んになっている．これらの分光法は目的元素中の特定の同位体に対して有効である．このため，それ以外の同位体は対象とする同位体を希釈しており，感度の低下を招くことになる．このため，NMRやメスバウアー分光法では，これらの分光法に活性な特定の安定同位体を用いて試料を合成することにより，元素濃度としては低濃度の場合でも対象元素の存在状態についての情報が得られることになる．

この他，質量分析などの同位体を区別しての検出が可能な機器分析法が普及したことにより，反応機構の解析などについて安定同位体の利用はより身近なものとなっている．また，化学の領域がライフサイエンスなどに拡大していることも，非密封放射性同位体による標識化合物の利用とともに安定同位体の利用が活発に行われていることに反映されている．

文　献

基礎的教科書としては，例えば，
1) 富永　健，佐野博敏，放射化学概論（第2版），東京大学出版会（1999）．

実験書としては，例えば，
2) 日本アイソトープ協会編，ラジオアイソトープ——講義と実習，丸善（1975）．
3) 日本アイソトープ協会編，放射線取り扱いの基礎，丸善（1993）．

同位体の性質については文献[1]などの核・放射化学関係の教科書に詳しいが，コンパクトにまとまったデータ集としては，
4) 日本アイソトープ協会編，アイソトープ手帳（第10版），丸善（2001）．
5) 佐野博敏，片田元己，メスバウアー分光学——基礎と応用，日本分光学会（1996）．
6) 日本化学会編，実験化学講座5　NMR（第4版），丸善（1991）．

8. 化学結合

8.1 ファンデルワールス半径とイオン半径

　原子が互いに接近してきて，原子価殻が化学結合を形成しようとしない場合，原子どうしの間にはファンデルワールス（van der Waals）力（分散力）の引力的相互作用と，電子雲の重なりに由来する交換斥力が働き，これら2つの力がバランスすることによって，それぞれの原子核の中心からある一定の領域内には，他の原子が入ってこられなくなってしまう．分子を構成する原子が電気的に中性の場合，この各原子に固有な領域を示す値を，ファンデルワールス半径といっている．

　ファンデルワールス半径という言葉は，化学に関係する書籍や学術文献にしばしば登場するが，各原子に対して固有のファンデルワールス半径の値が，周期表に掲載されているすべての原子に対してきちんと決められているかというとそうではなく，値が決められていない原子もあることは知っておく必要がある．通常，ファンデルワールス半径の値として化学文献で使用されているのは，正確に構造が決定されたX線結晶構造解析の結果をもとに，着目する原子どうしの非結合原子間距離のデータを抽出し，収集したデータを統計的に平均化して算出したものである．現在化学者が広く使用しているファンデルワールス半径の値はBondi[1]が報告しているものであり，それらの値を表8.1に示した．

　Bondiによるファンデルワールス半径の表は，今から30年以上昔に提唱されたものであるが，近年のケンブリッジX線結晶解析データセンターによる，これまでに報告されているX線結晶構造を統計的に解析して，有機結晶中の非結合原子間の接触距離（contact distances）を調査した研究[2]によると，Bondiの

表8.1 ファンデルワールス半径（Bondi値）r_ω/Å

r_ω					H 1.20	He 1.40
r_ω	B	C 1.70	N 1.55	O 1.52	F 1.47	Ne 1.54
r_ω	Al	Si 2.10	P 1.80	S 1.80	Cl 1.75	Ar 1.88
r_ω	Ga	Ge	As 1.85	Se 1.90	Br 1.85	Kr 2.02
r_ω	In	Sn	Sb	Te 2.06	I 1.98	Xe 2.16

ファンデルワールス半径を使用すれば，有機結晶の非結合原子間距離を正確に見積もれることが確認されており，その値の信頼性は高いといえる．Bondiのファンデルワールス半径の値の他に，Pauling[3]によって提唱されたものもあり，この値（r_b）は式（8.1）に示すように共有結合半径に，ある定数を加算することによって得られ，ファンデルワールス半径の概算値を知るには便利なものである．

$$r_b = b + 0.76 \tag{8.1}$$

　　r_b：Paulingのファンデルワールス半径/Å　b：共有結合半径

ところで，近年の物理有機化学関連の文献には，上記のファンデルワールス半径とは物理的意味の異なる，理論化学（特に分子力学[4]）の分野で使われているファンデルワールス半径がかなり多くみられるようになってきた．X線結晶解析の実験結果より決められたBondiやPaulingのファンデルワールス半径は，固体結晶中での最近接距離にある2つの原子の距離から算出されているのに対し，分子力学で使われているファンデルワールス半径は，2つの原子が，使用している分子力場における非結合原子間に作用しているポテンシャルエネルギーを評価するためのファンデルワールスポテンシャル関数（例えば，レナード-ジョーンズ型）の極小値に相当する距離の値から決定されている．したがって両者の値は同じ原子であっても当然異なっていることになる．そのため，2つの物理的意味の異なるファンデルワールス半径の文献値をごちゃ混ぜにして使わないようにしなければいけない．

BondiやPaulingのファンデルワールス半径の値と，分子力学で使用されているファンデルワールス半径の値を比較してみると，傾向として，分子力学で使

表 8.2　イオン半径 r_{ion}/Å

Li$^+$	0.60	Be^{2+}	0.31	O^{2-}	1.40	F$^-$	1.36
Na$^+$	0.95	Mg^{2+}	0.65	S^{2-}	1.84	Cl$^-$	1.81
K$^+$	1.33	Ca^{2+}	0.99	Se^{2-}	1.98	Br$^-$	1.95
Rb$^+$	1.48	Sr^{2+}	1.13	Te^{2-}	2.21	I$^-$	2.16
Cs$^+$	1.69	Ba^{2+}	1.35				

用されている値の方が大きな値をとっている.

また，NaClのようなイオン性結晶では，電子殻が完全に満たされた不活性の希ガス構造になっているので，イオン性結晶内の隣り合ったイオンの間の平衡距離の実験データから一組のイオン半径（r_{ion}）を系統的に決めることができると考えられる．問題は NaCl 結晶中での Na と Cl の距離の値を，Na$^+$ と Cl$^-$ にどのように按分比例するか？ということになる．

量子化学より，多電子系の原子軌道の広がりを考察したとき，原子番号（Z）の最外殻電子の軌道の大きさは，その原子の有効核荷電（n^*）と遮蔽定数（s）の値に依存し，イオン半径（r_{ion}）と式 (8.2) のような比例関係が成立することがわかっている．

$$r_{\text{ion}} \propto \frac{n^*}{Z-s} \tag{8.2}$$

したがって，式 (8.2) の右辺の値を着目しているイオン原子について計算しておけば，按分比例すべき数字がわかることとなる．このようにして Pauling[3] は，一連のイオン性原子のイオン半径（r_{ion}）を決定した．それらの値を表 8.2 に示す．

8.2　原子間距離と原子価角

化学者が分子構造を考えるとき，通常は分子を球と棒のモデルと単純化して原子間距離と原子価角をイメージしている．そしてこれらの値は，化学結合を形成する原子のタイプ（原子の種類，結合次数，使用されている軌道の種類）によって特定の値をもつことが，これまでの構造化学の研究により明らかになっており，平衡結合距離（l_0），平衡結合角（θ_0）の値が報告されている．平衡結合距離の値は，近似的には結合を構成する2つの原子の共有結合半径の和として求めることができるし，平衡結合角（X-A-Y）の場合は，X-A-Y結合角の中心原子Aの

幾何構造からおおよその値（sp^3：109.5°，sp^2：120°，sp：180°）を知ることができる．

もう少し具体的な原子間距離や結合角の値を表8.3と表8.4に示す．共有結

表8.3 標準的な原子間距離 l_0/Å

$C(sp^3)-C(sp^3)$	1.5247	$C(sp^2)=C(sp^2)$	1.3320
$C(sp)\equiv C(sp)$	1.2100	$C(sp^3)-C(sp^2)$	1.4990
$C(sp^3)-C(sp)$	1.4700	$C(Ar)-C(Ar)$	1.3837
$C(sp^3)-H$	1.1120	$C(sp^2)-H$	1.1010
$C(sp)-H$	1.0800	$C(sp^3)-O(sp^3)$	1.4130
$C(sp^2)-O(sp^3)$	1.3536	$C(sp^2)=O(sp^2)$	1.2080
$C(Ar)-O(sp^3)$	1.3536	$C(sp^3)-N(sp^3)$	1.4480
$C(=O)-N(amide)$	1.3770	$C=N(imine)$	1.2700
$C(sp^2)-N(sp^3)$	1.3690	$C(sp)\equiv N$	1.1580
$C(sp^3)-S(sp^3)$	1.8050	$C(sp^3)-Si(sp^3)$	1.8760
$C(sp^3)-P(sp^3)$	1.8430	$C(sp^3)-Cl$	1.7910
$C(sp^2)-Cl$	1.7270	$C(sp^3)-F$	1.3900
$C(sp^2)-F$	1.3535	$C(sp^3)-Br$	1.9440
$C(sp^2)-Br$	1.8900	$C(sp^3)-I$	2.1660
$C(sp^2)-I$	2.0750	$O(sp^3)-H$	0.9470
$N(sp^3)-H$	1.0150	$S(sp^3)-H$	1.3420

表8.4 標準的な結合角 θ_0/°

	Type 1	Type 2	Type 3
$C(sp^3)-C(sp^3)-C(sp^3)$	109.5	110.2	111.0
$C(sp^3)-C(sp^3)-H$	109.8	109.31	110.7
$C(sp^3)-C(sp^2)-C(sp^3)$	117.0		
$C(sp^3)-C(sp^2)-H$	117.5		
$H-C(sp^3)-H$	107.6	107.8	109.47
$C(sp^2)-C(sp^2)-C(sp^2)$	122.0	121.7	
$C(sp^2)-C(sp^2)-H$	120.0	120.5	
$C(sp^3)-C(sp^3)-F$	107.3	108.3	107.4
$C(sp^3)-C(sp^3)-Cl$	106.2	106.4	108.0
$C(sp^3)-C(sp^3)-Br$	108.2		
$C(sp^3)-C(sp^3)-I$	106.0	107.2	107.0
$C(sp^3)-C(sp^2)=O$	123.5	123.5	
$H-C(sp^2)=O$	119.2	119.2	
$C(sp^3)-O-C(sp^3)$	107.2		
$C(sp^3)-O-H$	106.8		
$C(sp^3)-N(sp^3)-C(sp^3)$	107.2	108.2	
$C(sp^3)-N(sp^3)-H$	108.1	110.9	

合半径の加成性により求めた結合距離は，1次近似としてのみ用いうるものであり，種々の構造的要因により，分子によっては結合の長さがかなり変化するということは知っておくべきである．結合の長さに影響を及ぼす構造因子としては，以下の4つが考えられる．

① 非局在化（共鳴，超共役，共役，アノマー効果[5]，ボールマン効果[6]）
② 軌道の混成
③ 電気陰性度
④ 立体的条件

例えば，C-A結合において，炭素原子Cに電気陰性な原子Xが結合すると，C-A結合距離の短縮が認められる（電気陰性度の効果）．

結合角についても表8.4に示されているように，中心の結合原子が同じ混成の軌道を使って化学結合を形成している場合でも（例えば，C-C-H），中央の原子に結合している原子のタイプ（type 1：水素以外の原子が2個，type 2：水素原子が1個，水素以外の原子が1個，type 3：水素原子が2個）によって微妙に結合角が変化してくる．このように，分子中の原子間距離や原子価角の値は，分子中の化学結合や立体環境，そして種々の相互作用を反映したものであり，化学者はできるだけ正確な原子間距離や原子価角を実験的な方法（電子線回折，X線回折，マイクロ波スペクトル分析），理論的な方法（分子軌道法計算）で求めようと努力をしている．

もっと数多くの原子間距離や原子価角の標準データを知りたければ，現在よく使われている分子力学プログラム（例えばMM3[7]）のパラメーターリストをみるのが適当と思われる．

分子を球と棒で近似するモデルは，単純かつ明快であるが，厳密な構造化学的研究を行う際には注意が必要である．なぜなら，分子中の各原子は平衡状態において振動運動をしており，その振動の大きさ（〜1/100 Å）は，最新の実験装置で決定される実験精度（〜1/1000 Å）より大きくなってしまうし，また，原子間距離や原子価角を決定する方法によってその測定値自身の物理的内容も異なってくるからである．例えば，電子線回折法で求めた原子間距離（r_g）[8]は，2つの原子間距離の平均値であるが，X線結晶回折法で求めた原子間距離（r_α）[8]は2つの原子の平均位置の間の距離である．振動運動がなければ，両方の距離は同じであるが，振動運動が存在すれば，明らかに両者の値は異なってくる．また，X

線結晶回折実験では,分子中の電子密度から原子核の座標を求めていくので,極性の大きな結合を構成している水素原子の位置を正確に求めることは難しくなってしまう問題点も出てきてしまう.したがって,いろいろな方法で決定された原子間距離や原子価角の値をそのまま並べて比較するときには,結合の振動補正[9]をするなどの注意を払う必要がある.

8.3　結合の引っ張りばね定数と原子価角の曲げばね定数

　結合の引っ張りばね定数（k_s：stretching force constant）と原子価角の曲げばね定数（k_b：bending force constant）は,イメージ的には,分子中の原子の配列に関してエネルギー的に安定で理想的な原子間距離（l_0）と原子価角（θ_0）が存在し,この理想的な値から原子の位置がずれると,分子に不安定化の歪（ひずみ）エネルギーが発生すると考え,この歪エネルギーを古典力学のフック（Hook）の法則で近似した場合の比例定数 k に相当すると考えることができる（式 (8.3)）.

$$\Delta E(歪エネルギー) = k(\Delta X)^2 \quad (8.3)$$

　　k：比例定数（k_s, k_b）
　　ΔX：原子間距離と原子価角の理想値（l_0, θ_0）からのずれ

　ところで,この2つのばね定数（k_s, k_b）は,文献を読んでみると,分光学的[10]に決定された（赤外線吸収スペクトルの振動波数を再現する目的で設定された）ものと,分子力学用に決定されたもの,そして *ab initio* 分子軌道法による振動解析計算で求めたものの3種類があることがわかる.この3種類のばね定数は相互に流用することはできない性質のものであるから,ばね定数の由来をきちんと調べることなく,自分の研究にそのばね定数の値を使うことは避けなければいけない.それぞれの計算で使用したポテンシャルの場が異なっていて,それらのポテンシャルの場を構成する様々なエネルギー項（例えば,結合の伸縮エネルギー項,結合角の変角エネルギー項,非結合原子間に作用するファンデルワールス相互作用エネルギー項,電子的な相互作用を評価するための双極子-双極子エネルギー項など）もそれぞれのポテンシャル場で異なっているので,文字上では,結合の引っ張りばね定数,原子価角の曲げばね定数と同じ用語が使われていても,その物理的意味が異なっているということは,十分に認識すべきである.また,ばね定数の単位には様々なものが使われているので,単位にも十分注意を払う必

要がある．普遍的に使用可能な k_s や k_b の値というものは，現在はまだないので，自分の研究に最も適当なばね定数を文献から探し出すか，自分で計算する必要がある．現在広く化学者に利用されている *ab initio* 分子軌道法プログラム（GAUSSIAN94 or 98）を使って振動解析計算を行えば，これらのばね定数は，比較的容易に求めることができるが，計算で求められたばね定数は，実際の値より系統的に大きな値をとることがわかっており，*ab initio* 計算の精度（使用した基底関数や，電子相関の効果を考慮したか，など）に応じて補正用のスケーリング定数[11]が報告されているので，*ab initio* 計算で求めたばね定数については，そのままの値を使わず適切な補正を施さなければいけない．

コンピュータが進歩した現在，十分に正確なばね定数 k_s, k_b やポテンシャルが設定されている分子に対しては，分子力学計算により分子の構造や基準振動数が精度よく計算できることとなり，熱力学的諸量（エントロピー，自由エネルギー，生成熱など）が短時間で精度よく求められるようになっている[12]．

8.4 回転の障壁エネルギー

分子中のある4原子の連なり X–A–B–Y があった場合，中央の A–B 結合のまわりの回転に際しての，最安定形と最不安定形の配座のエネルギー差のことを，回転の障壁エネルギー（rotational barrier）という．このエネルギー差は，非結合原子（X, Y）間のファンデルワールス相互作用エネルギーや，中央の A–B 結合の一部が開裂する（例えば，C=C 二重結合の場合，内部回転により π 結合性が消失する）ことによって生ずると考えられている．

われわれが日頃取り扱う有機分子の回転障壁の値を調べてみると，C–C 結合の回転障壁は < 40 kJ mol^{-1}，C=C の場合 250～300 kJ mol^{-1} であり，結合の結合次数が増大するに従い，障壁の値が大きくなる傾向がある．回転の障壁エネルギーが，自由エネルギーで 80～100 kJ くらいになると，回転にともなって生ずる配座を安定な異性体として常温で単離することが可能となってくる．

回転の障壁エネルギーのポテンシャルがどのような形になっているかという理論的検討も行われており，式 (8.4) で示されるように，回転の障壁エネルギー（E_{tor}）は，X–A–B–Y の4原子で決定される二面角（ω）とトーションポテンシャルパラメーター（V_1, V_2, V_3）により表現されうることが報告されている．

$$E_{\text{tor}} = \frac{V_1}{2}(1+\cos\omega) + \frac{V_2}{2}(1+\cos2\omega) + \frac{V_3}{2}(1+\cos3\omega) \qquad (8.4)$$

中央の A−B 結合が単結合の場合は，V_3 項がある値をもつが V_1 や V_2 項はゼロの値となり，E_{tor} のポテンシャルの関数は3周期性のものとなり，よく知られているアンチ（*anti*）やゴーシュ（*gauche*）立体配座においてエネルギーが安定化されることとなる．また，中央の結合が二重結合の場合は，V_2 項以外はゼロとなり，XやYの立体配置がシスやトランスの場合にエネルギーが安定化され，二面角 ω が 90°となった π 電子系がねじれた構造が不安定化することに相当する．

結合のまわりの回転障壁エネルギーは，NMRやIRスペクトルを温度を変えて測定する実験や，計算機化学の手法（分子力学，*ab initio* 分子軌道法）を用いて，実際の系に対して求めることができ，数多くの報告もあるが，回転障壁を決定した方法により，エネルギーの値が内部エネルギーであったり，エンタルピー，自由エネルギーと異なってくるので，文献値を比較する際には注意しなければいけない．

8.5　結合や環の歪エネルギー

8.2節で述べたように，分子中の結合や結合角はエネルギー的に最も安定な理想的な値をもっている．ところが，実際の分子は分子中の他の原子団との相互作用により，その理想的な値を保つことができなくなり，結合や分子に歪みが生じてくる．このエネルギー的に最も理想的で歪のない構造からの不安定化量を歪エネルギー（strain energy）と定義し，異なった化合物分子の安定性の比較をする際の目安として日常よく使用される化学用語となっている．

実際の例としては，1885年Bayerによって指摘されたシクロプロパンやシクロブタンの環歪や，立体的に非常に混み合った分子（例えば，ヘキサメチルエタン）などをあげることができるが，8.7節で述べる共鳴エネルギーと同様で，実験的に直接測定できる物理量ではないので，歪エネルギーに対してユニバーサルに認められている唯一の定義はなく，様々な定義があることは知っているべきである．

通常よく使用される歪エネルギーは，燃焼熱の測定データから算出されたもので，着目した歪をもった分子に対して，CH_2 基1個当たりの燃焼熱をその分子の

実用化学辞典

G.G.ハウレイ編　越後谷悦郎総監訳
A5変判　1016頁　本体29000円

基本的事項から高度な知見までを，実際面に重点をおいて解説した現場技術者・研究者むきの実用的な化学辞典。解説項目・物質名項目10000語，米国商品名2800語を収録。好評を博しているThe Condensed Chemical Dictionary（第10版）の邦訳。〔収録分野〕有機化学／無機化学／生化学／物理化学／分析化学／電気化学／化学工学／分光学／触媒化学／合成樹脂／繊維／染料／塗料／医薬／他／付録（化学用語の起源，略語・関連機関の一覧，化学工業で使用される商標つき製品の紹介）

ISBN4-254-14029-0　　注文数　　冊

例解化学事典

玉井康勝監修　堀内和夫・桂木悠美子著
A5判　320頁　本体6800円

化学の初歩的なことから高度なことまで，例題を解きながら自然に身につくように構成されたユニークなハンドブック。例題約150のほか図・表をふんだんにとり入れてあるので初学者の入門書として最適。〔内容〕化学の古典法則／物質量（モル）／化学式と化学反応式／原子の構造／化学結合／周期表／気体／溶液と溶解／固体／コロイド／酸，塩基／酸化還元／反応熱と熱化学方程式／反応速度／化学平衡／遷移元素と錯体／無機化合物／有機化合物／天然高分子化合物／合成高分子

ISBN4-254-14040-1　　注文数　　冊

化学ハンドブック

鈴木周一・向山光昭編
A5判　1056頁　本体32000円

物理化学から生物工学などの応用分野に至るまで広範な化学の領域を網羅して系統的に解説した集大成。基礎から先端的内容まで，今日の化学が一目でわかるよう簡潔に説明。各項目が独立して理解できる事典的な使い方も出来るよう配慮した。〔内容〕物理化学／有機化学／分析化学／地球化学／放射化学／無機化学・錯体化学／生物化学／高分子化学／有機工業化学／機能性有機材料／有機・無機（複合）材料の合成・物性／医療用高分子材料／工業物理化学／材料化学／応用生物化学

ISBN4-254-14042-8　　注文数　　冊

化学大百科

今井淑夫・中井　武・小川浩平・
小尾欣一・柿沼勝己・脇原将孝監訳
B5判　1072頁　本体58000円

化学およびその関連分野から基本的かつ重要な化学用語約1300を選び，アメリカ，イギリス，カナダなどの著名化学者により，化学物質の構造，物性，合成法や，歴史，用途など，解りやすく，詳細に解説した五十音配列の事典。Encyclopedia of Chemistry（第4版，Van Nostrand社）の翻訳。〔収録分野〕有機化学／無機化学／物理化学／分析化学／電気化学／触媒化学／材料化学／高分子化学／化学工学／医薬品化学／環境化学／鉱物学／バイオテクノロジー／他

ISBN4-254-14045-2　　注文数　　冊

＊本体価格は消費税別です（2000年7月31日現在）

▶お申込みはお近くの書店へ◀

朝倉書店

162-8707　東京都新宿区新小川町6-29
営業部　直通(03) 3260-7631　FAX (03) 3260-0180
http://www.asakura.co.jp　eigyo@asakura.co.jp

元素の事典

馬淵久夫編
A5判　324頁　本体7000円

水素からアクチノイドまでの各元素を原子番号順に配列し，その各々につき起源・存在・性質・利用を平易に詳述。特に利用では身近な知識から最新の知識までを網羅。「一家庭に一冊，一図書館に三冊」の常備事典。〔特色〕元素名は日・英・独・仏に，今後の学術交流の動向を考慮してロシア語・中国語を加えた。すべての元素に，最新の同位体表と元素の数値的属性をまとめたデータ・ノートを付す。多くの元素にトピックス・コラムを設け，社会的・文化的・学問的な話題を供する

ISBN4-254-14044-4　　注文数　　冊

化合物の辞典

髙本　進・稲本直樹・中原勝儼・山崎　昶編
B5判　1008頁　本体50000円

工業製品のみならず身のまわりの製品も含めて私達は無機，有機の化合物の世界の中で生活しているといってもよい。そのような状況下で化学を専門としていない人が化合物の知識を必要とするケースも増大している。また研究者でも研究領域が異なると化合物名は知っていてもその物性，用途，毒性等までは知らないという例も多い。本書はそれらの要望に応えるために，無機化合物，有機化合物，さらに有機試薬を含めて約8000化合物を最新データをもとに詳細に解説した総合辞典

ISBN4-254-14043-6　　注文数　　冊

新版　高分子辞典

高分子学会高分子辞典編集委員会編
B5判　632頁　本体34000円

基礎高分子科学から高分子関連工業にわたる用語約3300語を厳選，各分野の専門家470氏が最新の知見に基づいて解説。好評の旧版に，情報通信，エネルギー，医薬品，ライフサイエンスなどの新しい分野の語を多数加えた五十音配列の辞典。〔収録分野〕高分子化学／高分子構造／高分子物理／高分子物性／高分子反応，劣化，破壊，安定化／機能性高分子(化学機能，分離膜，エネルギー変換)／材料化技術／バイオ関連／繊維／紙／パルプ／フィルム／塗料／接着剤／インキ／他

ISBN4-254-25226-9　　注文数　　冊

化学プロセス安全ハンドブック

田村昌三編
B5判　432頁　本体20000円

化学プロセスの安全化を考える上で基本となる理論から説き起こし，評価の基本的考え方から各評価法を紹介し，実際の評価を行った例を示すことにより，評価技術を総括的に詳説。〔内容〕化学反応／発化・熱爆発・暴走反応／化学反応と危険性／化学プロセスの安全性評価／熱化学計算による安全性評価／化学物質の安全性評価実施例／化学プロセスの安全性評価実施例／安全性総合評価／化学プロセスの危険度評価／化学プロセスの安全設計／付録：反応性物質のDSCデータ集

ISBN4-254-25029-0　　注文数　　冊

実用化学辞典

G.G.ハウレイ編　越後谷悦郎総監訳
A5変判　1016頁　本体29000円

基本的事項から高度な知見までを，実際面に重点をおいて解説した現場技術者・研究者むきの実用的な化学辞典。解説項目・物質名項目10000語，米国商品名2800語を収録。好評を博しているThe Condensed Chemical Dictionary（第10版）の邦訳。〔収録分野〕有機化学／無機化学／生化学／物理化学／分析化学／電気化学／化学工学／分光学／触媒化学／合成樹脂／繊維／染料／塗料／医薬／他／付録（化学用語の起源，略語・関連機関の一覧，化学工業で使用される商標つき製品の紹介）

ISBN4-254-14029-0　　注文数　　冊

例解化学事典

玉井康勝監修　堀内和夫・桂木悠美子著
A5判　320頁　本体6800円

化学の初歩的なことから高度なことまで，例題を解きながら自然に身につくように構成されたユニークなハンドブック。例題約150のほか図・表をふんだんにとり入れてあるので初学者の入門書として最適。〔内容〕化学の古典法則／物質量（モル）／化学式と化学反応式／原子の構造／化学結合／周期表／気体／溶液と溶解／固体／コロイド／酸，塩基／酸化還元／反応熱と熱化学方程式／反応速度／化学平衡／遷移元素と錯体／無機化合物／有機化合物／天然高分子化合物／合成高分子

ISBN4-254-14040-1　　注文数　　冊

化学ハンドブック

鈴木周一・向山光昭編
A5判　1056頁　本体32000円

物理化学から生物工学などの応用分野に至るまで広範な化学の領域を網羅して系統的に解説した集大成。基礎から先端的内容まで，今日の化学が一目でわかるよう簡潔に説明。各項目が独立して理解できる事典的な使い方も出来るよう配慮した。〔内容〕物理化学／有機化学／分析化学／地球化学／放射化学／無機化学・錯体化学／生物化学／高分子化学／有機工業化学／機能性有機材料／有機・無機（複合）材料の合成・物性／医療用高分子材料／工業物理化学／材料化学／応用生物化学

ISBN4-254-14042-8　　注文数　　冊

化学大百科

今井淑夫・中井　武・小川浩平・
小尾欣一・柿沼勝己・脇原将孝監訳
B5判　1072頁　本体58000円

化学およびその関連分野から基本的かつ重要な化学用語約1300を選び，アメリカ，イギリス，カナダなどの著名化学者により，化学物質の構造，物性，合成法や，歴史，用途など，解りやすく，詳細に解説した五十音配列の事典。Encyclopedia of Chemistry（第4版，Van Nostrand社）の翻訳。〔収録分野〕有機化学／無機化学／物理化学／分析化学／電気化学／触媒化学／材料化学／高分子化学／化学工学／医薬品化学／環境化学／鉱物学／バイオテクノロジー／他

ISBN4-254-14045-2　　注文数　　冊

＊本体価格は消費税別です（2000年7月31日現在）

▶お申込みはお近くの書店へ◀

朝倉書店

162-8707　東京都新宿区新小川町6-29
営業部　直通(03) 3260-7631　FAX (03) 3260-0180
http://www.asakura.co.jp　eigyo@asakura.co.jp

元素の事典

馬淵久夫編
A5判　324頁　本体7000円

水素からアクチノイドまでの各元素を原子番号順に配列し，その各々につき起源・存在・性質・利用を平易に詳述。特に利用では身近な知識から最新の知識までを網羅。「一家庭に一冊，一図書館に三冊」の常備事典。〔特色〕元素名は日・英・独・仏に，今後の学術交流の動向を考慮してロシア語・中国語を加えた。すべての元素に，最新の同位体表と元素の数値的属性をまとめたデータ・ノートを付す。多くの元素にトピックス・コラムを設け，社会的・文化的・学問的な話題を供する

ISBN4-254-14044-4　注文数　冊

化合物の辞典

髙本　進・稲本直樹・中原勝儼・山崎　昶編
B5判　1008頁　本体50000円

工業製品のみならず身のまわりの製品も含めて私達は無機，有機の化合物の世界の中で生活しているといってもよい。そのような状況下で化学を専門としていない人が化合物の知識を必要とするケースも増大している。また研究者でも研究領域が異なると化合物名は知っていてもその物性，用途，毒性等までは知らないという例も多い。本書はそれらの要望に応えるために，無機化合物，有機化合物，さらに有機試薬を含めて約8000化合物を最新データをもとに詳細に解説した総合辞典

ISBN4-254-14043-6　注文数　冊

新版 高分子辞典

高分子学会高分子辞典編集委員会編
B5判　632頁　本体34000円

基礎高分子科学から高分子関連工業にわたる用語約3300語を厳選，各分野の専門家470氏が最新の知見に基づいて解説。好評の旧版に，情報通信，エネルギー，医薬品，ライフサイエンスなどの新しい分野の語を多数加えた五十音配列の辞典。〔収録分野〕高分子化学／高分子構造／高分子物理／高分子物性／高分子反応，劣化，破壊，安定化／機能性高分子(化学機能，分離膜，エネルギー変換)／材料化技術／バイオ関連／繊維／紙／パルプ／フィルム／塗料／接着剤／インキ／他

ISBN4-254-25226-9　注文数　冊

化学プロセス安全ハンドブック

田村昌三編
B5判　432頁　本体20000円

化学プロセスの安全化を考える上で基本となる理論から説き起こし，評価の基本的考え方から各評価法を紹介し，実際の評価を行った例を示すことにより，評価技術を総括的に詳説。〔内容〕化学反応／発火・熱爆発・暴走反応／化学反応と危険性／化学プロセスの安全性評価／熱化学計算による安全性評価／化学物質の安全性評価実施例／化学プロセスの安全性評価実施例／安全性総合評価／化学プロセスの危険度評価／化学プロセスの安全設計／付録：反応性物質のDSCデータ集

ISBN4-254-25029-0　注文数　冊

燃焼熱より求め，アルカン分子の CH_2 基1個当たりの燃焼熱（658.6 kJ mol^{-1}）との差を計算して，その値を歪エネルギーとして見積もっている．小環状アルカンの場合，この方法で見積もった歪エネルギーは，シクロプロパンで 38.5 kJ mol^{-1}，シクロブタンで 27.6 kJ mol^{-1} である．シクロプロパン環が大きな歪をもつことは，その構造からも推察することができ，シクロプロパン環を形成しているC-C結合の軌道の軸は，結合軸から23°もずれていて共軸ではなくなっている．

歪が分子の内のどの部分の構造に由来しているかということは興味ある問題であり，シクロブタンは角度歪，シクロペンタンは，角度とねじれの歪が主たる要因であるとされており，また，ヘキサメチルエタンの場合は，中央のC-C結合距離が1.58 Åに伸長していることから，結合歪の寄与が大であると考えられている．

コンピュータを使い，分子力学法により分子の歪エネルギーを理論的に計算したり，歪の主たる要因を明示している報告例も近年多くみられるが，それらの報告例を読む際には，歪エネルギーには多くの定義が存在することを認識し，そこで使われている歪エネルギーがどのような物理的な意味をもった量であるかをしっかり理解しておくことが重要である．また，分子力学法によって歪エネルギーの主たる要因（結合歪，角度歪，ねじれ歪など）を理論的に研究する場合には，解析された結果は，使用された力場の種類や，そこで使用されているポテンシャル関数に大きく依存することを認識し，分子力学計算の結果だけで分子がもつ固有の歪の性質を即断しないようにするべきである．

8.6 結合や原子団の双極子モーメント

電気陰性度の異なる原子間に結合ができると，結合電子は電気陰性度の大きな原子の方に強く引きつけられることとなり，結合の分極が生じる．その結果，電気陰性度の大きな原子上に部分負電荷（$-\delta e$）が，電気陰性度の小さな原子上には部分正電荷（$+\delta e$）が生じ，1つの結合に関して正と負の電荷の重心が一致しなくなり，双極子モーメントが生じることとなる．

双極子モーメント（μ）は，原子上の電荷量（ζ）に，正負の電荷の位置の間の距離ベクトル（r）をかけた積として，式 (8.5) で定義されるベクトル量である．

$$\mu = \zeta r \tag{8.5}$$

双極子モーメントの向きは,正電荷の重心から負電荷の重心に向いていると定義され,その単位は通常デバイ (D) 単位で表される ($1D = 10^{-18}$ esu cm).

いくつものヘテロ原子をもつ分子では,双極子モーメントをもつ結合のすべての双極子モーメントをベクトル的に足し合わせることにより,近似的に分子の双極子モーメントを見積もることができる.しかし,これはかなり粗い近似であり,例をあげると,ジメチルエーテル,ジエチルエーテル,テトラヒドロフランの双極子モーメントの実測値は,それぞれ1.30, 1.17, 1.63 D であり,C–O 結合の双極子モーメントを単純に割り当てるだけでは,実験値を再現することはできない.分子内での電子の非局在化,誘起双極子モーメントの影響,分子構造の違いなどを考慮する必要がある.例えば,アズレンやフルベンは炭化水素なので特別の分極はないと思われるが,図8.1に示すように双極子モーメントをもっている.これは,アズレンでもフルベンでも,五員環の方が電子密度が高く負に帯電するような π電子の分極が生じている(それぞれの環がヒュッケル (Hückel) 則を満足して安定化しようとする)ためである.

極性分子の双極子モーメントは,実験的には,スターク (Stark) 効果(強い電場をかけることによって状態の縮重が解ける現象)を測定することによって正確に測定することができる.計算機化学(分子軌道法,分子力学法)の手法により,理論的に分子の双極子モーメントの値を予測することはできるが,*ab initio* 分子軌道法計算を使う場合でも,基底関数系を十分に大きなものとし,電子相関の寄与を考慮して精度の高い計算を行わないと,信頼度の高い数値が得られないことは認識しておくべきである.実験化学者が取り扱うようなサイズの分子(ただし,あまり数多くの極性官能基を分子中にもたない)の双極子モーメントの大きさを比較的簡単に評価しようとするなら,分子力学法を用いるのが,現在のと

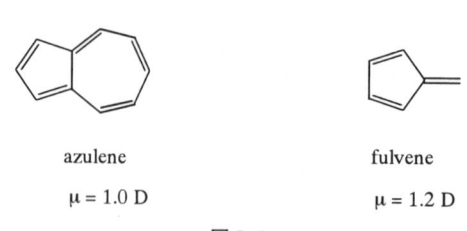

azulene
$\mu = 1.0$ D

fulvene
$\mu = 1.2$ D

図 8.1

ころ最も現実的と考えられるが，電子の非局在化が起きやすく，特別な電子的性質をもつような官能基をもった分子の双極子モーメントについて，分子力学法によって求められた値をうのみにすべきではない．

8.7 芳香族性と共鳴エネルギーおよび非局在化エネルギー

飽和炭化水素分子では，結合を特定の2つの原子に局在化させることが可能だが，共役分子や芳香族分子では，単一の限界構造式では真の電子状態を記述することが不可能となり，二重結合の位置（電子対の位置）だけが異なる構造式をいくつも書いて，真の電子状態を表現しようとする．よく知られている例として，ベンゼンの場合を図8.2に示す．

この化学現象を，原子価結合法を使って考えれば，(a)または(b)のケクレ構造と(c)，(d)，(e)のデュワー構造の間に共鳴が起こり，安定化（共鳴エネルギー）が得られると考えることができるし，分子軌道法を使って考えるならば，π電子が6つの炭素原子上に非局在化することによる安定化（非局在化エネルギー）が得られると考えることができる．共鳴やπ電子の非局在化により，平面形の環状分子が非常な安定化をしていることは古くから知られており，炭素数8の環状ビニログ分子であるシクロオクタテトラエンを合成しようという試みも，1930年のノーベル賞受賞者であるWillstätterのグループによって行われたが，結局シクロオクタテトラエンは正八角形平面構造ではなく，桶型構造をとっていることが解明された．なぜ，環を形成しているπ電子の数により，環状分子へのなり

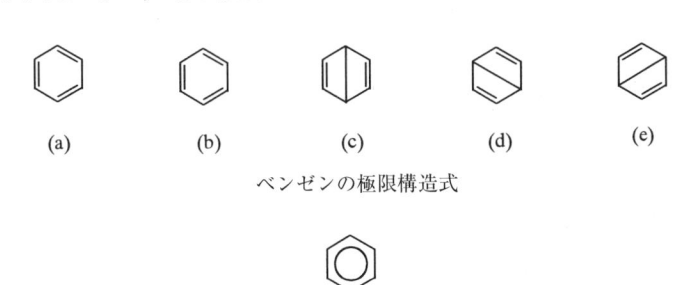

(a) (b) (c) (d) (e)

ベンゼンの極限構造式

(f)

実在のベンゼン

図8.2

やすさが異なるのであろうか？

　1931年 Hückel は，この環状平面分子の安定化は $(4n+2)$ 個の π 電子をもった環状に共役した分子に特徴的な性質（芳香族性）であることを，単環性ポリエンの π 電子系についてシュレディンガー（Schrödinger）方程式を解くことにより理論的に示した．芳香族性をもった分子は，安定性の他に，特徴的な反応性（置換反応性），構造やスペクトル的性質を示す．この芳香族性によりもたらされる安定化（共鳴および非局在化）エネルギーは通常，実験的に水素化熱の測定により求められ，ベンゼンの場合は 150.5 kJ mol^{-1} である．

文　献

1) A. Bondi, "van der Waals volumes and radii", *J. Phys. Chem.*, **68**, 441 (1964).
2) R. S. Rowland, R. Taylor, "Intermolecular nonbonded contact distances in organic crystal stractures : comparision with distances expected from van der Waals radii", *J. Phys. Chem.*, **100**, 7784 (1996).
3) L. Pauling, "The Nature of the Chemical Bond, 2nd ed.", p. 187, Cornell University Press, Ithaca, NY (1948).
4) U. Burkert, N. L. Allinger, "Molecular Mechanics", ACS Monograph, p. 41, American Chemical Society (1982).
5) E. Juaristi, G. Cuevas, "The Anomeric Effect", p. 17, CRC Press, Boca Raton (1995).
6) F. Bohlmann, "Configuration determination of quinolizidine derivatives", *Angew. Chem.*, **69**, 641 (1957).
7) N. L. Allinger, Y. H. Yuh, J.-H. Lii, "Molecular mechanics. The MM3 force field for hydrocarbons 1", *J. Am. Chem. Soc.*, **11**, 8551 (1989).
8) K. Kuchitu (ed.), "Structure of Free Polyatomic Molecules — Basic Data", Springer-Verlag (1998).
9) B. Ma, J.-H. Lii, K.-H. Chen, N. L. Allinger, "A molecular mechanics study of the cholesteryl acetate crystal : evaluation of interconversion among r_g, r_z, and r_α bond lengths", *J. Am. Chem. Soc.*, **119**, 2570 (1997).
10) E. B. Wilson Jr., J. C. Decius, P. C. Cross, "Molecular Vibrations. The Theory of Infrared and Raman Vibrational Spectra", p.54, Dover Publications Inc., NY (1952).
11) J. Baker, P. Pulay, "Predicting the vibrational spectra of some simple fluorocarbons by direct scaling of primitive force constants", *J. Comput. Chem.*, **19**, 1187 (1998).
12) 町田勝之輔，計算化学シリーズ　分子力学法，p. 173, 講談社サイエンティフィク (1995).

9. 反応速度論

化学反応が進むか進まないかは，熱力学的な性質だけでは決まらない．反応速度という因子が働くためである．反応速度の解析は，反応機構についてかなりの情報を与え，目的とする反応の効率を上げるための指針となる．本章では，反応速度解析でよく使われる基本的な"公式"を中心に解説する．

9.1 反応速度式

化学反応の速度は反応物の濃度（液相反応）や分圧（気相反応）と温度に依存する．ここでは，反応速度と反応物の濃度との関係を説明する．例として次の反応を考えよう．

$$a\mathrm{A} + b\mathrm{B} \longrightarrow c\mathrm{C} + d\mathrm{D} \tag{9.1}$$

このとき A の減少速度 $v_\mathrm{A} = -\mathrm{d}[\mathrm{A}]/\mathrm{d}t$ は B の減少速度，C，D の生成速度と次のような関係にある．

$$-\frac{\mathrm{d}[\mathrm{A}]}{\mathrm{d}t} = -\frac{b}{a}\frac{\mathrm{d}[\mathrm{B}]}{\mathrm{d}t} = \frac{c}{a}\frac{\mathrm{d}[\mathrm{C}]}{\mathrm{d}t} = \frac{d}{a}\frac{\mathrm{d}[\mathrm{D}]}{\mathrm{d}t} \tag{9.2}$$

v_A を反応に関与する分子の濃度で表した式を A についての反応速度式と呼ぶ．例えば式 (9.3) は，v_A を反応物 A，B の濃度のべき表現で表したものである．

$$v_\mathrm{A} = k_\mathrm{A}[\mathrm{A}]^l[\mathrm{B}]^m \tag{9.3}$$

k_A を速度定数，l，m を A，B についての反応次数，$l + m$ を反応全体の反応次数と呼ぶ．ここで注意すべきことは，式 (9.3) は実験的に求められるもので，生成物や反応式には現れない反応中間体の濃度が含まれる場合もある．また，反応次数は必ずしも式 (9.1) の係数 a，b とは一致しない．

式 (9.3) の積分形を求めれば，反応物や生成物の濃度を時間の関数として表せる．例として式 (9.4) の速度式の積分形を，1 次反応（反応速度が反応物の濃度に 1 次に比例）として求めてみよう．

$$A \longrightarrow B \tag{9.4}$$

B の生成速度 v_B（$d[B]/dt$, A の減少速度に等しい）は，

$$v_B = k[A] \tag{9.5}$$

と表される．反応開始時（$t = 0$）の A の濃度を $[A]_0$ とすると，$[A] = [A]_0 - [B]$ より，式 (9.5) は簡単に積分できて

$$-\ln\left(\frac{[A]_0 - [B]}{[A]_0}\right) = kt \tag{9.6}$$

となる．式 (9.6) より，反応時間 t に対して $-\ln\{([A]_0-[B])/[A]_0\}$ をプロットすれば，原点を通る傾きが k の直線が得られる．なお，時間 t における B の濃度は

$$[B] = [A]_0(1 - e^{-kt}) \tag{9.7}$$

となる．

いくつかの速度式の中から，重要と思われる 1 次反応 (a, b)，2 次反応（生成速度が反応物の濃度の 2 次に比例，(c)），並発反応 (d)，可逆反応 (e)，逐次反応 (f) について，その速度式と生成物の時間変化に対応する積分形を表 9.1 にまとめた．

可逆反応 (e) で，時間 t を無限大とすると $[A] = k_{-1}/(k_1 + k_{-1})[A]_0$, $[B] = k_1/(k_1 + k_{-1})[A]_0$ で平衡状態となる．このとき $[B]/[A] = k_1/k_{-1}$ となり，これが平衡定数 K に等しい．

逐次反応 (f) では，A → C の反応が A → B と B → C の 2 つの反応からなる．このようにある反応の構成要素となる反応を素反応という．(f) における A, B, C の時間に対する濃度変化は図 9.1 に示す特徴的なパターンを示す．中間生成物である B の濃度は時間 $t^* = (\ln k_1 - \ln k_2)/(k_1 - k_2)$ で最大となり，その後減少する．一方，最終生成物である C は t^* を変極点として S の字を描いて増加する．C の濃度変化にみられる何も起きていないようにみえる反応初期の期間を誘導期という．誘導期の存在は生成物が直接できるのではなく，何らかの中間生成物を経ていることを示唆する．また，中間生成物 B が不安定でその定常濃度が極微量（$[B] \cong 0$）で一定（$d[B]/dt = 0$）とみなせるとき，この 2 つの条件を用いて

9.1 反応速度式

表 9.1 様々な反応の速度式とその積分形[a]

反応の種類	速度式	速度式の積分形
(a) A $\xrightarrow{k}$ B	$v_B = k[A]$	$[B] = [A]_0(1 - e^{-kt})$
(b) A+B $\xrightarrow{k}$ C	$v_C = k[A][B]$	$\begin{cases} [C] = \dfrac{[A]_0[B]_0\{1-e^{([A]_0-[B]_0)kt}\}}{[B]_0 - [A]_0 e^{([A]_0-[B]_0)kt}} & ([A]_0 \neq [B]_0) \\ [C] = \dfrac{[A]_0^2 kt}{1+[A]_0 kt} & ([A]_0 = [B]_0) \end{cases}$
(c) 2A $\xrightarrow{k}$ B	$v_B = k[A]^2$	$[B] = \dfrac{[A]_0^2 kt}{1 + 2[A]_0 kt}$
(d) A $\begin{smallmatrix} k_1 \searrow B \\ k_2 \searrow C \end{smallmatrix}$ (並発反応)	$v_B = k_1[A]$ $v_C = k_2[A]$	$[B] = \dfrac{k_1}{k_1+k_2}[A]_0\{1-e^{-(k_1+k_2)t}\}$ $[C] = \dfrac{k_2}{k_1+k_2}[A]_0\{1-e^{-(k_1+k_2)t}\}$
(e) A $\underset{k_{-1}}{\overset{k_1}{\rightleftharpoons}}$ B (可逆反応)	$v_B = k_1[A] - k_{-1}[B]$	$[B] = \dfrac{k_1[A]_0}{k_1+k_{-1}}\{1-e^{-(k_1+k_{-1})t}\}$
(f) A $\xrightarrow{k_1}$ B $\xrightarrow{k_2}$ C (逐時反応)	$v_B = k_1[A] - k_2[B]$ $v_C = k_2[B]$	$[B] = \dfrac{k_1}{k_2-k_1}[A]_0(e^{-k_1 t} - e^{-k_2 t})$ $[C] = [A]_0\left(1 - \dfrac{k_2}{k_2-k_1}e^{-k_1 t} + \dfrac{k_1}{k_2-k_1}e^{-k_2 t}\right)$

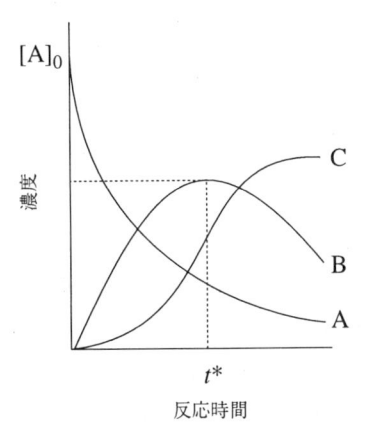

a) $[A]_0$, $[B]_0$ は反応物の $t = 0$ での濃度

図 9.1 逐時反応（A → B → C）における A, B, C の濃度の変化

速度式は A → C の一次速度式と近似でき，$[C] = [A]_0(1-e^{-k_1 t})$ となる．これを定常状態近似という．この近似法は気相反応（例えば $H_2 + Br_2 \to 2HBr$）の解析によく用いられる．

さて，逐次反応(f)で，式 (9.8) のように A と B および B と C の間に平衡があり，B について定常状態近似が成り立つ場合，C の生成速度 v_C は式 (9.9) で表される．

$$A \underset{k_{-1}}{\overset{k_1}{\rightleftarrows}} B \underset{k_{-2}}{\overset{k_2}{\rightleftarrows}} C \tag{9.8}$$

$$v_C = \frac{d[C]}{dt} = k_2[B] - k_{-2}[C] = k_1[A] - k_{-1}[B] \tag{9.9}$$

ここで，$k_{-1} \gg k_2 \gg k_{-2}$ のとき（B について定常状態近似を仮定しているから $k_{-1} \approx k_1 \gg k_2 \gg k_{-2}$ も成り立つ），A, B 間の正逆反応速度 v_1, v_{-1} は v に比べ非常に大きく，ほぼ等しいとみなせる．すなわち，$A \rightleftarrows B$ は見掛け上，平衡状態にある．すなわち $K = k_1/k_{-1}$ として

$$v = k_2[B] - k_{-2}[C] \cong k_2[B] = k_2 K[A] \tag{9.10}$$

このとき，B → C を律速段階，$A \rightleftarrows B$ を予備平衡という．$A \rightleftarrows B$ は平衡であるため，A と B の化学ポテンシャルは等しく，反応全体の化学ポテンシャル変化は律速段階が担うことになる．なお，式 (9.10) のように実測される速度定数は複数の素反応の速度定数や平衡定数を含む場合が多いので，見掛けの速度定数と呼ばれる．

以上の方法は，適合しそうな反応速度式を仮定して積分形を求め，実験値がその積分形に合うかどうかで判断するので積分法と呼ばれる．一方，例えば式 (9.4) で反応次数の予想が困難な場合，

$$v = k[A]^n \tag{9.11}$$

として，両辺の対数をとり

$$\ln v = \ln k + n\ln [A] \tag{9.12}$$

より，$\ln[A]$ と $\ln v$ をプロットして k と n を求めることができる．これを微分法という．v を求めるには A の初期濃度を変化させて初期速度を測る（図 9.2(a)），A の減少速度を経時的に求める（図 9.2(b)），の 2 つの方法があるが，後者では反応の進行にともない生成物の影響を受けるため，一般には前者で行う．例えばアセトアルデヒドの熱分解反応は，前者では 1.5 次，後者では 2 次となる（生成

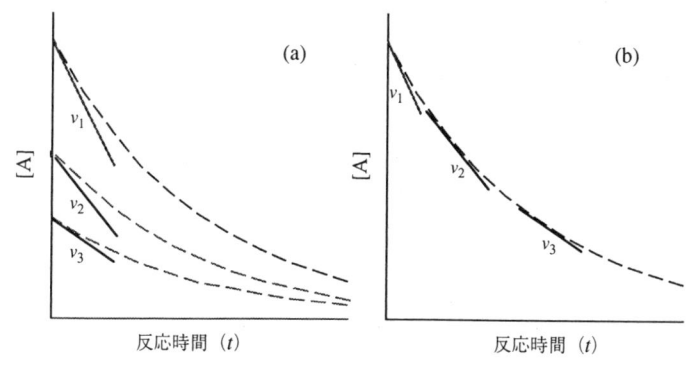

図 9.2 微分法における反応速度 v の求め方

物により反応が抑制されている). いずれの場合も曲線の接線より速度を求めるため, 精度に注意が必要である.

9.2 アレニウスの式

温度を高めると分子の熱運動は活発になり, 反応物どうしの衝突回数が増して反応速度が大きくなると予想される. しかし, 温度を 10 ℃ 上げても, 分子の平均速度は 1 〜 2 ％しか増加しないが, 反応は数倍速くなる. このように反応速度の温度依存性は反応物間の衝突だけでは説明できない. Arrhenius は速度定数と反応温度 T (単位 K) の関係を実験から次のように得た.

$$k = Ae^{-E_a/RT} \tag{9.13}$$

式 (9.13) をアレニウスの式という. R は気体定数, A, E_a はそれぞれ頻度因子, 活性化エネルギーと呼ぶ. 式 (9.13) は, ① 化学反応は活性化エネルギーの山 E_a を越えなければならない (図 9.3), ② 反応温度を上げると, 活性化エネルギーを越えるエネルギーをもつ分子の数が増す (式 (9.13) の指数項が大きくなる), ことを示している. 図 9.3 の横軸は反応座標といい, 反応物, 生成物のいるところがそれぞれ原系, 生成系で, 活性化エネルギーの山の頂上が遷移状態である. 原系と生成系のエネルギー差が生成熱 (ΔH) に等しい.

式 (9.13) の両辺の対数をとると

$$\ln k = \ln A - \frac{E_a}{RT} \tag{9.14}$$

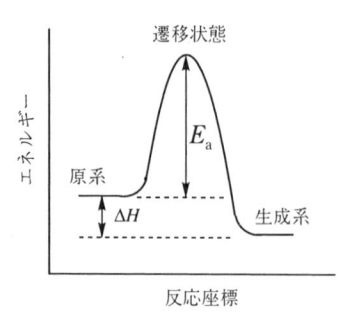

図 9.3 化学反応の反応座標とエネルギーの関係

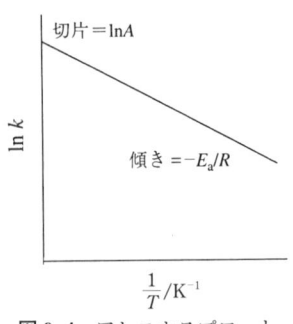

図 9.4 アレニウスプロット

すなわち，いくつかの反応温度 T で速度定数を測定し，$1/T$ に対して $\ln k$ をプロットすれば傾きが $-E_a/R$ の直線が得られる（アレニウスプロット，図 9.4）．この傾きから活性化エネルギーが算出できる．測定した速度定数が素反応のものであれば，式 (9.13) は必ず成立する．しかし，ほとんどの化学反応は複合反応であり，実験で得られる k は見掛けの速度定数であるから，E_a も見掛けの活性化エネルギーと呼ばれる．

アレニウスプロットの傾きが負の直線にならない反応もある．競争反応や逐次反応で，反応温度により律速段階が変わるときは上または下に凸となる（図 9.5(a)）し，高温領域で触媒の一部が失活するような触媒反応では，高温ほど速度定数は小さくなり，山型となる（図 9.5(b)）．律速段階が光や放射線の作用により著しく促進される場合，全反応速度は温度に依存しなくなる．すなわち，活性化エネルギーは見掛け上 0 となる（図 9.5(c)）．律速段階前の中間体生成の予備平衡が，高温ほど中間体が減る側に移動すれば，活性化エネルギーが負となる（図 9.5(d)）．このように傾きが負の直線でない場合は，反応機構に関して有用な知見を与えることもある．

頻度因子 A については，気体の分子運動論からの導出（頻度因子を衝突回数と等しいとみなす）や，次節で述べる統計力学的な導出があり，気相反応では実測値とほぼ満足な一致が得られている．一般的な値として 1 次，2 次反応ではおおむね $10^{13} \sim 10^{14}\,\mathrm{s^{-1}}$，$10^{11} \sim 10^{12}\,\mathrm{mol^{-1}\,dm^3\,s^{-1}}$ となる．頻度因子の温度依存性による活性化エネルギーへの寄与は，他の方法で計算でき，常温で $2\,\mathrm{kJ\,mol^{-1}}$ 程度となるため，通常は考慮に入れなくても差し支えない．

9.3 アイリングの式

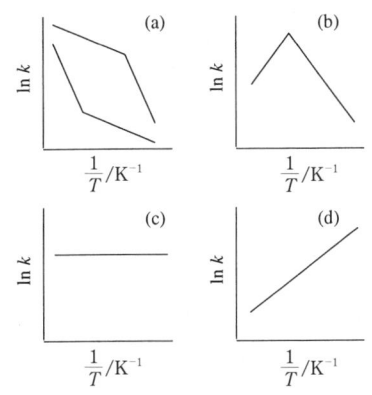

図 9.5 傾きが負の直線とならないアレニウスプロット

アレニウスの式から，反応速度の測定の際，温度の制御がいかに重要かが導き出せる．式 (9.14) の両辺を微分すると

$$\frac{dk}{k} = \frac{E_a}{RT}\left(\frac{dT}{T}\right) \tag{9.15}$$

となる．式 (9.15) は温度の変動が E_a/RT 倍となって反応速度の誤差になることを示している．例えば 100 ℃ の設定で 1 ℃ の狂いがあったとき（絶対温度で 0.27 %，$(dT/T) = 0.0027$)，活性化エネルギーが 100 kJ mol^{-1} の反応（反応温度を 10 ℃ 上げると速度が 2.3 倍となる反応）では，速度定数の誤差 (dk/k) は 8.7 % に達する．活性化エネルギーの大きい反応や反応温度が低い場合は特に注意を要する．

9.3 アイリングの式

経験式ではあるが，アレニウスの式は速度定数の内容をわかりやすく記述している．一方，Eyring は速度定数の熱力学的な定式化を試みた．すなわち，遷移状態にある中間体を通常の熱力学が適用できる分子として扱い，反応物と中間体の間には予備平衡があると仮定した．反応式で書くと次のようになる．

$$A + B \rightleftharpoons AB^\ddagger \longrightarrow P \tag{9.16}$$

ここで中間体 AB‡ は活性錯体と呼ばれ，右肩に ‡（ダブルダガー，double dagger）をつけて通常の分子と区別する．生成物 P の生成速度 v_P を見掛けの速度定

数 k を用いて

$$v_\mathrm{P} = k[\mathrm{A}][\mathrm{B}] \tag{9.17}$$

とすれば，$\mathrm{A}+\mathrm{B} \rightleftharpoons \mathrm{AB}^\ddagger$ の平衡定数を $K_{\mathrm{AB}^\ddagger}$ として式 (9.18) となる．

$$v_\mathrm{P} = \frac{k}{K_{\mathrm{AB}^\ddagger}}[\mathrm{AB}^\ddagger] \tag{9.18}$$

さて，活性錯体は反応座標上では不安定だが，他の自由度については安定である．そこで開裂または形成される結合の振動数 ν とすると，v_P は $\nu[\mathrm{AB}^\ddagger]$ に等しい．また，この振動モードは $h\nu = \kappa_\mathrm{B} T$ (h はプランク (Planck) 定数，κ_B はボルツマン (Boltzmann) 定数) のエネルギーをもつことから

$$v_\mathrm{P} = \nu[\mathrm{AB}^\ddagger] = \frac{\kappa_\mathrm{B} T}{h}[\mathrm{AB}^\ddagger] \tag{9.19}$$

が成り立ち，式 (9.18) と式 (9.19) から

$$k = \frac{\kappa_\mathrm{B} T}{h} K_{\mathrm{AB}^\ddagger} \tag{9.20}$$

を得る．熱力学の基本式 $\ln K^\ddagger = -\Delta G^\ddagger / RT$ より，式 (9.20) は

$$k = \frac{\kappa_\mathrm{B} T}{h} e^{-\Delta G^\ddagger / RT} \tag{9.21}$$

となる．$\Delta G^\ddagger$ は $\mathrm{A}+\mathrm{B}$ から $\mathrm{AB}^\ddagger$ が生成するときの自由エネルギー変化で，活性化自由エネルギーと呼ぶ．通常この式の右辺に透過係数とよばれる定数 κ を乗じる．κ は活性錯体のうち生成物へと変化するものの割合を示し，多くの反応では 1 に等しい．反応速度が速く反応物と活性錯体の平衡が成り立たない場合 (気相での 2 つの原子間の結合生成や 2 原子分子の分解など) では 1 よりかなり小さく，量子力学的トンネル効果が現れる電子移行反応では 1 よりも大きい値をとる．式 (9.21) は $\Delta G = \Delta H - T\Delta S$ より

$$k = \kappa \frac{\kappa_\mathrm{B} T}{h} e^{(-\Delta H^\ddagger + T\Delta S^\ddagger)/RT} = \kappa \frac{\kappa_\mathrm{B} T}{h} e^{\Delta S^\ddagger/R} e^{-\Delta H^\ddagger/RT} \tag{9.22}$$

となる．$\Delta H^\ddagger$，$\Delta S^\ddagger$ はそれぞれ活性化エンタルピー，活性化エントロピーと呼ばれる．式 (9.22) は次のように変形できる．

$$\ln \frac{k}{T} = \ln \kappa \frac{\kappa_B}{h} + \frac{\Delta S^\ddagger}{R} - \frac{\Delta H^\ddagger}{RT} \tag{9.23}$$

これをアイリングの式という．式 (9.23) より $1/T$ に対して $\ln(k/T)$ をプロッ

図 9.6 アイリングプロット

切片 $= \ln\kappa(\kappa_B/h) + \Delta S^{\ddagger}/R$

傾き $= -\Delta H^{\ddagger}/R$

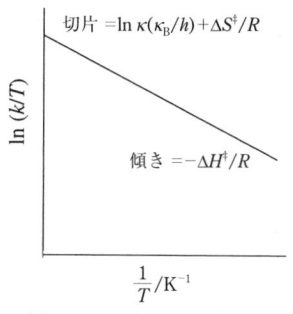

縦軸: $\ln(k/T)$, 横軸: $\dfrac{1}{T}/\mathrm{K}^{-1}$

トし，その傾きから $\Delta H^{\ddagger}$，切片から $\Delta S^{\ddagger}$ が得られる（アイリングプロット，図 9.6）．アイリングプロットから得られる $\Delta S^{\ddagger}$ の符号は，反応機構や遷移状態の構造を考察する上でしばしば重要である．A+B → AB‡ は分子数が減少する反応なので，$\Delta S^{\ddagger}$ は負になることが多い．活性錯体が大きく分極したものなら，極性溶媒中では溶媒の配向によって，大きな負の値となるだろう．また，律速段階が解離的な機構であれば，正の値をとると考えられる．

9.4 拡散律速速度式

気相反応と異なり，液相反応では溶媒や共存するイオンとの相互作用を考慮しなければならない．液相では分子やイオンを溶媒が取り囲み，かご（cage）を形成する．反応物はこのかごから出て，反応する相手の分子と同じかごに入らなければならない．いったん同じかごの中に入ってしまえば，一方が外に飛び出さないかぎり何度も衝突するので，高い確率で反応が起きる．これをかご効果という．

水を溶媒としたとき，特に相互作用がない 1 対の分子に対するかごの寿命は $10^{-12} \sim 10^{-11}$ s で，この間に $10 \sim 10^5$ 回の衝突が起こると見積もられている．それが反応を起こすのに十分な衝突回数であるとき，この反応は拡散律速であるという．拡散律速の速度定数は，分子を球状粒子として Smoluckowski が導いている．すなわち半径 r_1, r_2 の 2 つの分子が距離 $r = r_1 + r_2$ まで拡散して接近したときに反応するとし，2 次速度定数を式 (9.24) のように示した．

$$k = 4\pi N_A(D_1 + D_2)rf \tag{9.24}$$

ここで N_A はアボガドロ (Avogadro) 数,D_1, D_2 は各分子の拡散定数,f は静電係数と呼ばれる分子間の静電的相互作用による補正係数である (静電的相互作用がないときは 1).

水溶液中での中性分子どうしの反応 ($f=1$) では,25 ℃で $D_1 = D_2 = 10^{-9}$ m^2 s^{-1},$r = r_1 + r_2 = 5.0$ Å (5.0×10^{-10} m) として $k \cong 4 \times 10^9$ mol^{-1} dm^3 s^{-1} を得る.これが標準的な拡散律速の速度定数で,これより大きくなることはない.この値は気体の 2 分子反応の典型的な速度定数 (3×10^{11} mol^{-1} dm^3 s^{-1} 程度) に比べ 75 倍小さい.すなわち,液相反応では拡散により反応が 75 倍遅くなっている.

イオンどうしの反応で f は

$$f = \frac{Z_A Z_B e^2}{\varepsilon \kappa_B T r} \left\{ \exp\left(\frac{Z_A Z_B e^2}{\varepsilon \kappa_B T r} \right) - 1 \right\}^{-1} \tag{9.25}$$

となる.ここで Z_A, Z_B はイオン A, B の電荷,e は電気素量,ε は溶媒の誘電率である.拡散律速反応の典型的な例としてプロトンの中和反応がある.水溶液中での $H^+ + OH^- \to H_2O$ の 2 次速度定数を式 (9.24) から計算してみよう.温度を 25 ℃,$D_{H^+} = 9.28 \times 10^{-9}$ m^2 s^{-1},$D_{OH^-} = 5.08 \times 10^{-9}$ m^2 s^{-1},$\varepsilon = 78.5$ とする.式 (9.25) で $r = 7.5$ Å とすれば $f = 1.55$ となる.これらの値より $k = 1.3 \times 10^{11}$ mol^{-1} dm^3 s^{-1} が得られ,実測値と一致する.r の値はイオンのサイズに関連するが,7.5 Å とすることにより実測値と一致するので,かご内の H^+,OH^- はそれぞれ溶媒和して $[H(H_2O)_4]^+$,$[OH(H_2O)_3]^-$ になっていると推定される.なお,イオン強度の大きい濃厚溶液 ($> 10^{-4}$ mol dm^{-3}) には式 (9.25) は適用できない.

さて,反応物 A,B がかごに出入りし,反応できる距離まで近づく過程は,かご内の中間体 AB との平衡とみなせるので,上述の反応は生成物を P として次のように表される.

$$A + B \underset{k_{-1}}{\overset{k_1}{\rightleftarrows}} AB \overset{k_2}{\longrightarrow} P \tag{9.26}$$

AB に定常状態近似を適用すると P の生成速度 v_P は次の形に書ける.

$$v_P = \frac{k_1 k_2}{k_{-1} + k_2} [A][B] \tag{9.27}$$

先に述べたように,拡散律速は $k_{-1} \ll k_2$ を意味しており

$$v_P = k_1 [A][B] \tag{9.28}$$

となる.すなわち,式 (9.24) の k は式 (9.26) の k_1 に等しい.

9.5　ハメットの式とハメット定数

ハメット (Hammett) 則は,当てはまる反応が数千にも及ぶといわれる,かなり正確に反応速度を予測できる経験則である.例えばパラ位置換安息香酸の酸解離平衡式 (9.29) の平衡定数は,置換基 R の種類に強く依存する.

$$\text{R-\langle O \rangle-COOH} \underset{}{\overset{K}{\rightleftharpoons}} \text{R-\langle O \rangle-COO}^- + \text{H}^+ \qquad (9.29)$$

R=NO_2, H, OCH_3 で比較すると,酸解離平衡定数は $K_{NO_2} > K_H > K_{OCH_3}$ の順となる.つまり電子吸引性の強いニトロ基で置換すると酸性が強く,逆に電子供与性のメトキシ基では酸性が弱くなる.このような置換基による芳香族分子の分極の因子を置換基ごとに定数 σ で表す.σ は水素を 0 とし,電子吸引基を正,電子供与基を負の値にとる.安息香酸および置換安息香酸の酸解離平衡定数をそれぞれ K_H, K_R とし,これらと置換基 R の σ との間に

$$\ln \frac{K_R}{K_H} = \sigma \qquad (9.30)$$

の関係が成り立つよう σ の値を定めると,他の反応の速度定数や平衡定数についても,式 (9.30) の直線関係が得られる.すなわち,反応の種類に依存する定数を ρ としたとき,パラ位置換した芳香族化合物では,その速度定数 k または平衡定数 K について次のような関係が得られる.

$$\ln \frac{k_R}{k_H} = \rho\sigma \left(\text{または} \ln \frac{K_R}{K_H} = \rho\sigma\right) \qquad (9.31)$$

これをハメット式と呼び,σ と ρ をハメット定数という.式 (9.31) より,ある反応をいくつかのパラ位置換芳香族で行えば,反応の ρ と他の置換基の導入による速度の変化が計算できる.

ハメットの式はメタ位置換芳香族化合物にも適用できる.代表的な置換基の σ 値を表 9.2 にまとめた.これをみると電子吸引・供与の効果が誘起的な効果だけでなく,共鳴効果によっても現れることがよくわかる.例えばメトキシ基はパラ位では共鳴の効果が大きく σ は負(電子供与的)となるが,メタ位では誘起効果のみであるため正(電子吸引的)の値をとる.一方ハロゲンの場合は,パラ

表 9.2 種々の置換基の σ 値

置換基	パラ(σ_p)	σ 値	メタ(σ_m)
NH_2	−0.66		−0.16
OH	−0.37		0.12
OCH_3	−0.27		0.12
CH_3	−0.17		−0.07
C_6H_5	−0.01		0.06
H		0	
F	0.06		0.34
I	0.18		0.35
Cl	0.23		0.37
Br	0.23		0.39
$COOC_2H_5$	0.45		0.37
$COCH_3$	0.50		0.38
CN	0.66		0.56
NO_2	0.78		0.71

位では共鳴による電子供与のため電子吸引性が小さくなるが,メタ位では誘起効果のみとなり σ の値は正で大きくなる.

ρ は,式 (9.30) で示した水溶液中でのパラ位置換安息香酸の酸解離平衡反応を 1 とする.いくつかの反応の ρ 値を表 9.3 に示した.ρ が正の反応は電子吸引基(σ が正)により促進され,ρ が負では逆となる.

オルト位置換芳香族や脂肪族の反応では,電子供与・吸引の効果に加えて立体的な効果も大きく働くため,ハメット式は成立しない.Taft は立体効果も考慮に入れたハメットの式を提案し,σ,ρ と異なる定数 σ^*,ρ^* を用いた.パラ,メタ位置換体の例外となる反応についても σ^+,σ^0 などの置換基定数や補正項が知られている[1,2].

先に述べたように速度定数 k と反応の活性化自由エネルギー $\Delta G^\ddagger$ 間には

$$k = \frac{\kappa_B T}{h} e^{-\Delta G^\ddagger / RT} \tag{9.21}$$

の関係があるので,ハメット則は次のようにも書き換えられる.

$$\Delta G_R^\ddagger = \Delta G_H^\ddagger - RT\rho\sigma \tag{9.32}$$

ここで $\Delta G_H^\ddagger$,$\Delta G_R^\ddagger$ は置換基を含まない芳香族分子および置換芳香族分子の反応の活性化自由エネルギー変化である.式 (9.32) は,一連の反応について,自由エネルギー変化の間に直線関係があることを示しており,すなわちハメット則は

表 9.3　いくつかの反応の ρ 値

反応	ρ 値	反応条件
R–C₆H₄–COOMe + OH⁻ ⟶ R–C₆H₄–COO⁻ + MeOH	2.46	60％アセトン溶液中
R–C₆H₄–C(=O)H + CN⁻ →(H⁺) R–C₆H₄–CH(OH)(CN)	2.33	エタノール中
R–C₆H₄–OH ⇌ R–C₆H₄–O⁻ + H⁺	2.11	水溶液中
R–C₆H₄–COOH ⇌ R–C₆H₄–COO⁻ + H⁺	1.00	水溶液中
R–C₆H₄–O⁻ + EtI ⟶ R–C₆H₄–OEt + I⁻	−0.99	エタノール中
R–C₆H₄–CHCl(C₆H₅) + EtOH ⟶ R–C₆H₄–CH(OEt)(C₆H₅) + Cl⁻	−3.66	エタノール中

直線自由エネルギー関係（linear free energy relationship, LFER）の 1 つである．

9.6　同位体効果

　ほとんどの化学反応は，複数の素反応からなる複合反応である．複合反応を構成するどの素反応が律速段階かを知る有力な方法として同位体効果がある．最もよく用いられるのが C–H 結合開裂・生成の重水素同位体効果である．反応により開裂する C–H 結合の H を重水素 D で置換すると，開裂反応の速度に必ず差が現れる．そこが律速段階であれば，全体の反応速度に影響することになる．律速段階の後の速い過程で C–H 結合が開裂する反応（例えば芳香族のニトロ化）では同位体効果はみられない．C–H (D) 結合開裂の同位体効果を図 9.7 で説明しよう．C–H 結合の零点エネルギーは C–D 結合のそれよりも 5 kJ ほど高い

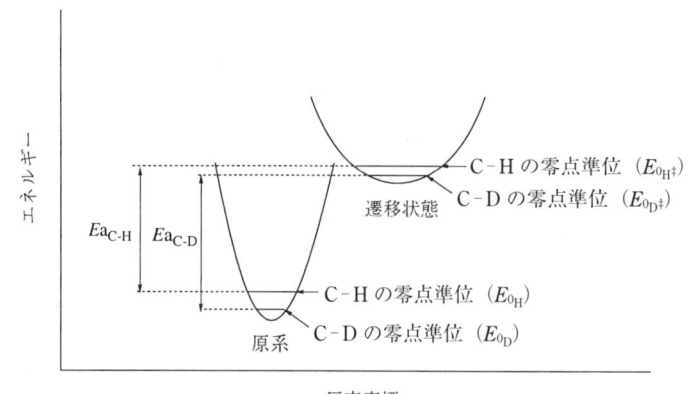

図 9.7 C-H および C-D 結合をもつ分子の反応に関するポテンシャルエネルギー曲面

（図 9.7 左下の原系のポテンシャルエネルギー曲面）．遷移状態は化学反応が完結する途中にあるから，普通は結合は弱まりポテンシャルエネルギー曲面の曲率は大きくなる（図 9.7 右上）．それぞれの遷移状態と原系の零点エネルギーの差 $E_{0_{H^\ddagger}} - E_{0_H}$ および $E_{0_{D^\ddagger}} - E_{0_D}$ は活性化エネルギーに等しい．図 9.7 から明らかなように活性化エネルギーの大きさは $E_{a_{C-D}} > E_{a_{C-H}}$ で，H 置換体の方が反応速度は大きい（$k_H/k_D > 1$）．これを正常同位体効果という．このときの k_H/k_D は次の式でよく近似される．

$$\frac{k_H}{k_D} = e^{\frac{E_{a_{C-H}} - E_{a_{C-D}}}{RT}} \tag{9.33}$$

遷移状態において C-H (C-D) 結合が完全に開裂すると，遷移状態ではエネルギー差はほぼ 0 となるので活性化エネルギーの差は原系の零点エネルギーの差 $E_{0_{C-H}} - E_{0_{C-D}}$ にほぼ等しい．よく知られる C-H 伸縮振動のエネルギー値（2 900〜3 000 cm^{-1}）を用い，このときの k_H/k_D を式 (9.33) より求めると，常温で 6 程度となる．同様に N-H および O-H 結合の重水素同位体効果の値としてそれぞれ 8 および 10 程度の値が得られる．

遷移状態でより強い結合ができると，同位体効果は逆に現れる．例えば温和な条件下でのメタンの活性化に関連して注目されている式 (9.34) の反応

$$[(C_5H_5)W(CH_3)H] \rightarrow [(C_5H_5)W] + CH_4 \tag{9.34}$$

では，D置換した錯体 $[(C_5H_5)W(CH_3)D]$ からの CD_4 脱離の方が速く，k_H/k_D は 0.7 (72.6 ℃) と 1 より小さくなる．これを逆同位体効果という．逆同位体効果は，遷移状態におけるポテンシャルエネルギー曲面の曲率が原系のそれよりも小さくなるために現れる．式 (9.34) の例では原系の W-H (D) 結合よりも強い結合が遷移状態で生成していることを示唆する．金属ヒドリド錯体の M-H 伸縮振動が 1 800 cm^{-1} 程度であることを考えると，遷移状態では H-CH_3 結合がほぼ完成している機構が妥当だろう．

このように，同位体効果の値から遷移状態の構造についても考察ができる．なお，反応物と活性錯体の零点エネルギーがわかっている例は極めて少なく，式 (9.34) からの定量的な予測は難しい．

同位体置換した結合の開裂が律速段階で起こらなくても同位体効果が現れることがある．例としてエステルの酸加水分解がある．この反応は，式 (9.35) に示す予備平衡過程の後に律速段階がある．

$$H_3O^+ + CH_3C-OEt \rightleftharpoons CH_3C-O^+Et + H_2O \quad (9.35)$$
$$(D_3O^+) \quad \underset{O}{\|} \qquad \underset{O\ H}{\|\ |} \quad (D_2O)$$
$$\qquad\qquad\qquad\qquad (D)$$

H_3O^+ と H^+ の付加したエステルでは，後者の方が O-H 結合が強く，ポテンシャルエネルギー曲面の曲率は小さい．図 9.8 より，D 置換体の方が平衡が右に移動することによる安定化が大きいことがわかる（$E_{D^+} > E_{H^+}$，図 9.8 のエネルギーは活性化エネルギーではなく生成熱）．つまり同位体置換体を含む平衡過程では，重い原子は必ず結合の強い方に濃縮され，この平衡の位置で同位体効果の大きさが決まる．式 (9.35) では平衡定数の大きさは $K_D > K_H$ となるので，エステルの酸加水分解速度は H_2O 中よりも D_2O 中の方が速く，逆同位体効果が現れる．

H と D とでは質量が約 2 倍違うため同位体効果が顕著に現れるが，他の原子ではそうはいかない．例えば $C^{12} = C^{14}$ 結合をもつ化合物を用い，ディールス-アルダー (Diels-Alder) 反応が協奏的であることが示されたが，$k_{C^{12}}/k_{C^{14}}$ の値 (1.042〜1.049) から相当高い精度の測定が必要であることがよくわかる．また，C-H(D) 結合が反応に関与しなくても律速段階にわずかながら同位体効果がみられることがある．これを 2 次同位体効果といい，同位体効果の値は小さい（正常同位体効果で 1.5 前後）．

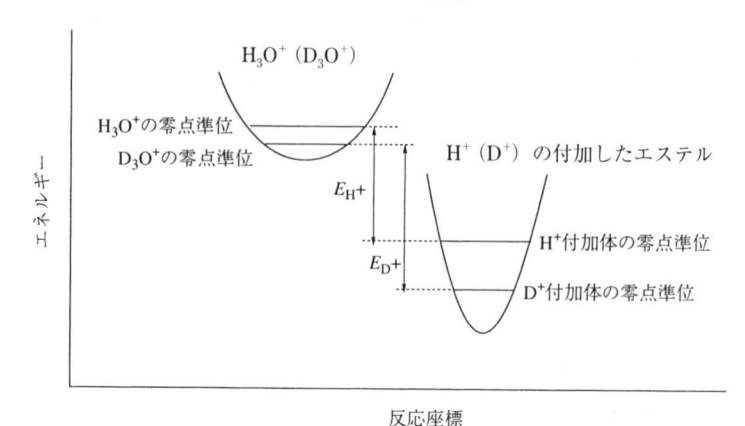

図 9.8 平衡における O‐H 結合のポテンシャルエネルギー曲面

素反応の速度のデータベース化とこれを用いた反応速度計算のプログラムが開発されつつあるものの，現状では実験とデータ解析から反応速度を求めるのが最善である．本章が反応速度解析の一端となれば幸いである．

なお，紙数の都合上，基礎的な部分しかカバーできなかった．省かざるを得なかった部分については他書を参照されたい[4〜9]．

文　　献

1) R. P. Wells, "Linear free energy relationships", *Chem. Rev.*, **63**, 171 (1963).
2) 湯川泰秀，都野雄甫，"有機反応における置換基の極性効果"，日本化学雑誌，**86**，873 (1965).
3) 日本化学会編，化学便覧 基礎編II，p.365，丸善 (1984).
4) K. J. Laidler (高石哲男訳)，化学反応速度論 I II，産業図書 (1966).
5) 触媒学会編，触媒講座基礎編 1　触媒と反応速度，講談社 (1985).
6) 触媒学会編，触媒講座基礎編 4　反応機構決定法・錯体触媒，講談社 (1985).
7) 日本化学会編，実験化学講座 11　反応と速度，丸善 (1993).
8) J. I. Steinfield, J. S. Francisco, W. L. Hase 著，佐藤　伸訳，化学動力学，東京化学同人 (1995).
9) 川合　智，尾上　薫，今村易弘，物理化学による化学工学基礎，槇書店 (1996).

10. 光化学と光学活性

分光学的情報は，物質の励起状態を知る上で極めて有用である．また，偏光を用いれば，物質のキラリティー，不斉環境に関して有用な情報が得られる．本章では，光化学の基本的概念を示すジャブロンスキー（Jablonski）エネルギー状態図，増感剤の性質，光学活性体の表示，旋光度測定法についてまとめた．

10.1 ジャブロンスキーエネルギー状態図

10.1.1 ジャブロンスキーエネルギー状態図

光吸収によって励起された分子は，吸収したエネルギーを種々の過程で放出し，基底状態へと失活する．これら一連のエネルギー遷移の様子を図式化したものが，ジャブロンスキーエネルギー状態図である（図10.1）．ジャブロンスキーエネルギー状態図では，輻射遷移を実線矢印で，無輻射遷移を波線の矢印で示す．また，同じ系内の遷移は垂直方向の矢印で表される．

基底状態の分子は通常一重項（S_0）であり，光を吸収した分子は励起一重項状態（S_n）となる．励起の際には，高エネルギーの励起一重項状態（$S_n(v = m)$）に達することもあるが，その場合は，速やかに内部変換または振動緩和（vibrational relaxation, VR）で最低励起状態（$S_1(v = 0)$）に移る．その最低励起状態から，蛍光の放出，内部変換（internal conversion, IC），項間交差（intersystem crossing, ISC）などを通じてエネルギーを放出し，失活する．内部変換および項間交差は無輻射遷移であり，ジャブロンスキーエネルギー状態図中では，水平方向の波線矢印で表される．項間交差によって生じた励起三重項状態（T_1）は，主としてりん光放射により基底状態に戻るが，再び項間交差して一重項状態へ戻る

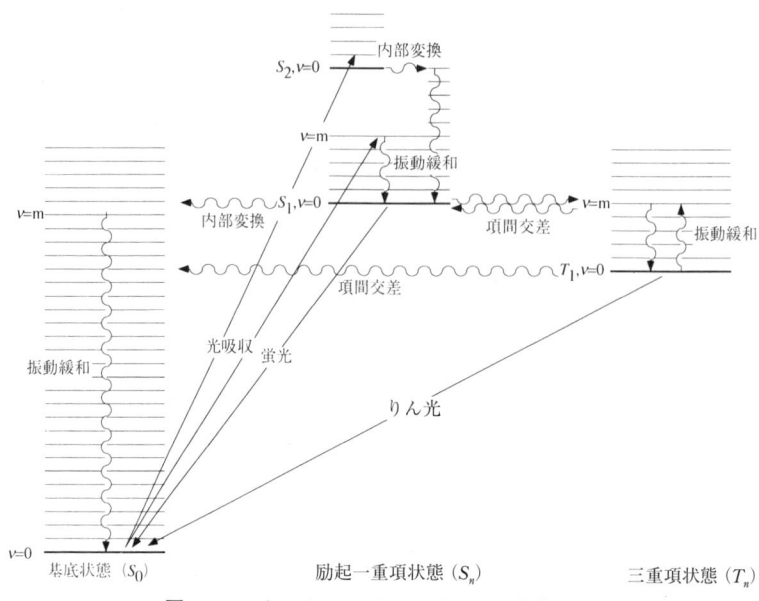

図 10.1 ジャブロンスキーエネルギー状態図

表 10.1 蛍光量子収率測定のための標準物質一覧[4]

波長範囲/nm	化合物	溶媒	ϕ_f
270 ～ 300	ベンゼン	シクロヘキサン	0.05 ± 0.02
300 ～ 380	トリプトファン	水（pH 7.2）	0.14 ± 0.02
300 ～ 400	ナフタレン	シクロヘキサン	0.23 ± 0.02
315 ～ 480	2-アミノピリジン	0.05M 硫酸	0.60 ± 0.05
360 ～ 480	アントラセン	エタノール	0.27 ± 0.03
400 ～ 500	9,10-ジフェニルアントラセン	シクロヘキサン	0.90 ± 0.02
400 ～ 600	硫酸キニーネ	0.5M 硫酸	0.546
600 ～ 350	ローダミン 101	エタノール	1.0 ± 0.02
600 ～ 650	クレジールバイオレット	メタノール	0.54 ± 0.03

こともある．有機光化学で特に重要な過程は，励起一重項および三重項状態の生成，およびそれらの状態からの化学反応，エネルギー移動などである．

10.1.2 量子収率

ジャブロンスキーエネルギー状態図中，励起状態の寿命と各過程の量子収率を決めることは，極めて重要である．量子収率とは，吸収した光子数に対してその過程が起こる割合を示したものである．蛍光，りん光の量子収率も実験結果で決

められるが,特に蛍光の量子収率の決定は,その寿命が短いため容易ではない.量子収率決定法の詳細については文献[1~3]を参照されたい.蛍光の量子収率を決める場合,その絶対値を決めるのは極めて困難で,通常は標準試料に対する相対値を求める.表10.1には標準として用いられる試料の蛍光量子収率を示す[4].

10.2 一重項および三重項増感剤[5,6]

ある基質を光照射により直接励起することが困難な場合には,増感剤を用いると有効である.また,分子の励起状態を研究するために,励起分子に消光剤を加えて失活させることもある.すなわち,増感剤と消光剤は,表裏の関係にあるといえる.光励起された増感剤から他分子へのエネルギー移動の際には,スピン多重度が保存される.増感剤のスピン多重度に応じて,一重項および三重項増感剤がある.

10.2.1 一重項増感剤

比較的大きな共役系を有する芳香族炭化水素は,一重項増感剤となることがある.この場合,増感剤からエネルギーを受け取る基質も芳香族炭化水素であることが多い.一重項増感剤による増感は,① 基質による増感剤から放出される蛍光の吸収,あるいは② 増感剤から基質への直接のエネルギー移動,のいずれかの機構により進行する.

一般的には,一重項増感剤による増感は②の機構で進み,①の機構で進行する増感剤はあまり多くはない.一重項増感が効率よく起こるためには,①,②どちらの機構で進む場合にも,増感剤の示す発光スペクトルとエネルギーを受ける基質の吸収スペクトルがエネルギー的によく重なり合っている必要がある.

10.2.2 三重項増感剤

三重項エネルギー移動は,増感反応として一重項エネルギー移動よりも広く用いられている.三重項増感反応では,増感剤が選択的に励起されて励起一重項となり,その増感剤は項間交差によって速やかに三重項状態となる.三重項から基底状態への遷移はスピン禁制であるため,一般に励起三重項状態の寿命($\sim\mu s$)は励起一重項状態の寿命($\sim ns$)と比べて長く,その間に基質へエネルギーを移動し,増感剤は基底状態に戻るとともに基質は三重項となることがある.

表10.2 種々の化合物の光物性値 [a]

増感剤	溶媒[b]	一重項励起エネルギー kJ mol^{-1}	一重項平均寿命 ns	三重項励起エネルギー kJ mol^{-1}	三重項平均寿命 μs	蛍光量子収率	項間交差量子収率
アクリジン	n		0.045	190	10 000	1×10^{-4}	0.5
	p	315	0.35	188	14	0.0079	0.82
アクリジンオレンジ	p	234	4.4	206	285	0.4	<0.02
アズレン	n	170	1.4 S$_2$	163	11	0.02 S$_2$	
	p				3		
2-アセチルナフタレン	n			249	300		0.84
	p	325		249			
アセトフェノン	n	330		310	0.23	<10^{-6}	1
	p	338		311	0.14		1
アントラセン	n	318	5.3	178	670	0.30	0.71
	p	319	5.8	178	3 300	0.27	0.66
クマリン	n			258	3.8	<10^{-4}	
	p	350		261	1.3	<10^{-4}	0.054
クロロフィル a	n	177	7.8		1 500	0.32	
	p	178	5.5	125	800	0.33	0.53
C$_{60}$	n	193	1.2	151	250		1
cis-スチルベン	n	360		227	17		
trans-スチルベン	n	358	0.075	206	14	0.036	
	p			206	62	0.016	
ソラレン	p	327	0.92	262	5	0.01	0.06
テトラフェニルポルフィン	n	179	13.6	138	1 500	0.11	0.82
	p	185	10.1	140		0.15	0.88
トリフェニレン	n	349	36.6		55	0.066	0.86
	p	352	37.0	280	1 000	0.09	0.89
ナフタレン	n	385	96	253	175	0.19	0.75
	p	384	105	255	1 800	0.21	0.80
ビフェニル	n	418	16.0	274	130	0.15	0.84
	p	391		274			
ピレン	n	322	650	203	180	0.65	0.37
	p	321	190	202	11 000	0.72	0.38
フェナントレン	n	346	57.5	260	145	0.14	0.73
	p	345	60.7	257	910	0.13	0.85
4-フェニルベンゾフェノン	n						1.0
	p	321		254			
フルオレセイン	p	230	3.6	197	20 000	0.97	0.02
フルオレノン	n		2.8		500	0.0005	0.94
	p	266	21.5	211	100	0.0027	0.48
ベンジル	n	247		223	150	0.0013	0.92
	p		2.0	227	1 500		
ベンズアルデヒド	n	323		301		<10^{-6}	
ベンゼン	n	459	34	353		0.06	0.25
	p	459	28	353		0.04	0.15
ベンゾフェノン	n	316	0.030	287	6.9	4×10^{-6}	1.0
	p	311	0.016	289	50		1
4'-メトキシアセトフェノン	n	340		300			1
	p			299			1

(表 10.2 続き)

増感剤	溶媒[b]	一重項励起エネルギー kJ mol^{-1}	一重項平均寿命 ns	三重項励起エネルギー kJ mol^{-1}	三重項平均寿命 μs	蛍光量子収率	項間交差量子収率
1-メチルナフタレン	n	377	67		25	0.21	0.58
	p	377	97	254		0.19	
メチレンブルー	p	180		138	450	0.04	0.52
ローダミン B	p	213	2.7	178	1.6	0.65	0.0024

a) 文献 7) より抜粋 (温室付近での値)
b) n：非極性溶媒, p：極性溶媒

10.2.3 増感剤の選択

三重項エネルギー移動の速度定数は，その過程が発熱的であるほど大きく，8～12 kJ mol^{-1} 程度の発熱性をもつ場合はほぼ拡散律速となる．したがって，対象とする基質よりやや高エネルギーの三重項状態をもつ物質が，三重項増感剤として適している．しかし，エネルギー移動の過程が吸熱的な場合にも，増感剤と基質との衝突頻度が高ければ増感反応が進むこともある．ただしこのような場合，増感の効率（量子収率）は立体障害の影響を受けやすくなる．

10.2.4 増感剤一覧表

代表的な化合物の分光学的データを表 10.2 にまとめた[7]．

10.3 光学活性表示と旋光度測定[8]

キラルな物質中を平面偏光が通過すると，偏光面が回転する．この回転角を測定したものが旋光度である．旋光度は，分子の分極率に大きく影響されるため，旋光度測定により物質のキラリティーに関する情報が得られる．ここでは，光学活性体の表示法と旋光度測定法について述べる．

10.3.1 光学活性体の表示法[9〜11]

光学活性体の表示方法としては，実験的に求められる旋光度を基本とした（±）表示法および dl 表示法，グリセルアルデヒドを基準とした DL 表示法，最も体系的な命名法である RS 表示法，らせん状の物質のキラリティーを表すのに用いられる PM 表示法がある．

(1) （±）表示法, dl 表示法

旋光度がプラス（右旋性）の場合には（+），マイナス（左旋性）の場合には（−）

で表す(図10.2).(+)の代わりに d,(-)の代わりに l で表示することもあるが,次項で説明するDL表示法と紛らわしいため,現在はあまり用いられない.(±)表示法を用いる場合には原則として旋光度の測定波長を明示する(10.3.2項(5)参照).ただし,光源がNa-D(589 nm)線の場合には,波長が省略されていることが多い.

(2) DL表示法

Fischerの提案した表示法(図10.3).主として,ヒドロキシ酸,糖などのOHを有する化合物ならびに α-アミノ酸の表示に用いる.他の化合物への適用は勧められない.

立体構造は,グリセルアルデヒドの立体配置を基準として表現する.まず,フィッシャー投影図で,最も酸化数の高い炭素を上に,酸化数の低い炭素を下に配置する.グリセルアルデヒドの場合は,ホルミル基が上,ヒドロキシメチル基が下となる.このとき,α位のOHが右側にくるものをD,左側にくるものをLとする.糖類の場合には,フィッシャー投影図(ホルミル基が上)で下から2番目にくる(($\omega-1$)位の)炭素原子に着目し,OHが右側にくるものをD,左側にくるものをLとする.また,アミノ酸の場合には,セリンを基本とする.フィッシャー投影図でカルボキシル基を上,側鎖を下に置いたとき,NH_2が右にくるものをD,左側にくるものをLとする.

(3) RS表示法

まず不斉中心原子上の置換基にIUPAC順位規則にのっとった順位をつける.順位のつけ方は次の手順に従う.

① 原子番号の大きいものほど上位とする.ただし,非共有電子対は原子番号0の原子と仮定する.

② ①において,不斉中心原子(A)上に同種の原子(B, B′)が結合している場合には,B, B′に結合している原子について順位を比較する.すなわち,B, B′に結合している原子のうち,最も原子番号の大きなものどうし(Aは除く)を比較し,①の規則で上位にある原子が結合しているものを上位とする.

③ ②において,B, B′に結合している最上位の原子が同種である場合には,2番目の順位にある原子どうしを比較し,①の規則で上位にある原子が結合しているものを上位とする.2番目の原子で順位を決められない場合に

(−)₅₈₉-Mandelic Acid / l-Mandelic Acid の構造式、および (+)₅₈₉-1-Phenylethylamine / d-1-Phenylethylamine の構造式

図 10.2 （±），*dl* 表示法

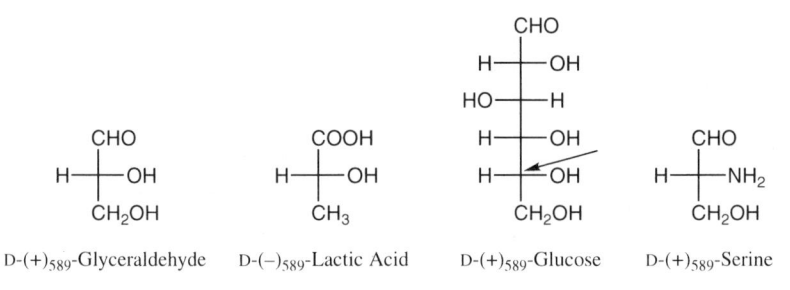

D-(+)₅₈₉-Glyceraldehyde、D-(−)₅₈₉-Lactic Acid、D-(+)₅₈₉-Glucose、D-(+)₅₈₉-Serine の Fischer 投影式

図 10.3 DL 表示法

は，以下 3 番目…と比較する．
④ B，B′ に結合している原子で順位が決められない場合には，不斉中心原子から，さらにもう一結合だけ遠い原子を比べ，同様に順位を決める．
⑤ ある原子に二重結合（三重結合）を介して別の原子が結合している場合，同じ原子が 2（3）個単結合しているとみなす．それらの原子の残りの結合手には，原子番号 0 番の原子が結合していると仮定する．
⑥ 芳香環は，ケクレ構造で考える．

一般的な置換基の順位を表 10.3 に示す．

このような IUPAC 順位規則のもと，最も順位の低い置換基を向こう側に置き，残りの置換基を順位規則で優先順位の高い方から順に見たとき，右回りに並んでいる場合は *R*，左回りに並んでいる場合は *S* で表す（図 10.4）．*R* と *S* は，ラテン語（*rectus* = 右，*sinister* = 左）に由来する．複数の不斉炭素をもつ場合には，それぞれの位置とともに接頭語として表示する．また，相対配置がわかっているが絶対配置が明らかでない場合には，*R**，*S** を組み合わせて用いる．

軸不斉化合物の場合には，不斉軸の両端の原子上の置換基について片側ずつ個別に順位を決めて，一方を 1，2 位，他方を 3，4 位として考える．IUPAC 順位規則で最も優先順位の低い置換基を向こう側に置き，残りの置換基を優先順位の

表 10.3 代表的な置換基の順位規則による順位[a]（数字が大きいものほど高順位）

1	水素	17	エチニル	33	ベンゾイルアミノ
2	メチル	18	フェニル	34	ジメチルアミノ
3	エチル	19	p-トリル	35	エチルメチルアミノ
4	プロピル	20	m-トリル	36	ジエチルアミノ
5	ブチル	21	o-トリル	37	ニトロ
6	ペンチル	22	ホルミル	38	ヒドロキシ
7	ヘキシル	23	アセチル	39	メトキシ
8	イソペンチル	24	ベンゾイル	40	エトキシ
9	イソブチル	25	カルボキシ	41	アセトキシ
10	アリル	26	メトキシカルボニル	42	メルカプト
11	ベンジル	27	エトキシカルボニル	43	メチルチオ
12	イソプロピル	28	アミノ	44	メチルスルフェニル
13	ビニル	29	メチルアミノ	45	メチルスルホニル
14	s-ブチル	30	エチルアミノ	46	スルホ
15	シクロヘキシル	31	アニリノ		
16	t-ブチル	32	アセチルアミノ		

[a] 文献[11] より抜粋，加筆

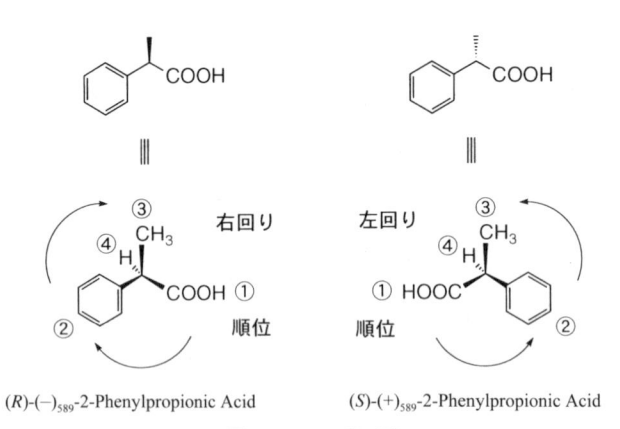

(R)-(−)$_{589}$-2-Phenylpropionic Acid　　　　　(S)-(+)$_{589}$-2-Phenylpropionic Acid

図 10.4 RS 表示法

高い方から順に見たとき，右回りに並んでいる場合は R，左回りに並んでいる場合は S とする（図 10.5）．

　面不斉化合物の場合には，まずキラル平面に直結している原子のうち，IUPAC 順位規則で最も順位の高い原子を指標原子とする．その指標原子に直結したキラル平面上の原子から出発して，キラル平面上を優先順位の高い方から順にたどったとき，右回りであれば R，左回りであれば S とする（図 10.6）．

10.3 光学活性表示と旋光度測定

(S)-2,2′-Dibromo-6-fluorobiphenyl　　(R)-1,3-Dichloroallene

図 10.5 RS 表示法（軸不斉化合物）

指標原子

(R)

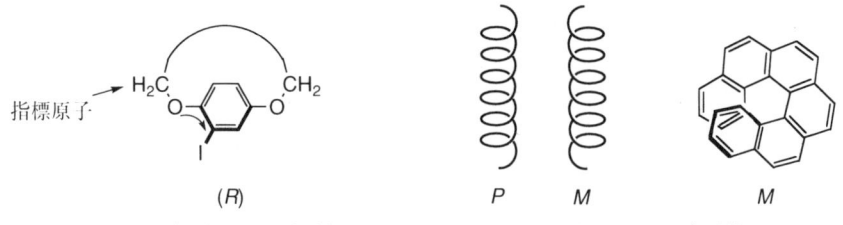

図 10.6 RS 表示法（面不斉化合物）　　**図 10.7** PM 表示法

(4) PM 表示法

らせん状の分子のキラリティーを表す場合には，PM 表示法を用いる（図 10.7）．まず，単結合で結合している 2 原子（A, A′）について，A, A′ 各々から出ている結合から 1 つずつ選ぶ．結合の選び方は，A, A′ から出ている置換基のうちただ 1 つ違うものがあればそれへの結合，ない場合には IUPAC 順位規則で優先順位の最も高い原子への結合とする．A, A′ 結合に沿って分子をみたとき，選び出した結合のうち，手前側にある結合を向こう側の結合に重ね合わせるために回さねばならぬ，最小の回転方向を調べる．回転方向が右回りであれば P（plus），左回りであれば M（minus）とする．基本的には，らせんが手前から遠ざかるとき，分子が右巻きなら P，左巻きなら M となる．

10.3.2 旋光度測定[12]

キラリティーを有する物質中を平面偏光が通過するとき，その偏光面が回転する性質を偏光性という．光学活性化合物の物性値として最も重要なものが，比旋光度である．表 10.4 に主なアミノ酸の比旋光度を示す[13]．

(1) 光 源

旋光度の測定には，普通 Na-D 線（589.3 nm）あるいは水銀ランプ（578.0, 546.1, 435.8 nm）を用いる．これらの光源は安定するのに時間がかかるため，

表 10.4 主要なアミノ酸の比旋光度[a]

アミノ酸	$[\alpha]_D^{25}$	c	溶媒
L-アラニン	+1.8	2	H_2O
L-バリン	+5.63	1～2	H_2O
L-ロイシン	−11.0	2	H_2O
L-フェニルアラニン	−34.5	1～2	H_2O
L-イソロイシン	+12.4	1	H_2O
L-プロリン	−86.2	1～2	H_2O
L-セリン	−7.5	2	H_2O
L-トレオニン	−28.5	1～2	H_2O
L-システイン	−16.5	2	H_2O
L-メチオニン	−10.0	0.5～2	H_2O
L-アスパラギン	−5.6	2	H_2O
L-グルタミン	+6.3	2	H_2O
L-アスパラギン酸	+5.05	2	H_2O
L-グルタミン酸	+12.0	2	H_2O
L-チロシン	−10.0	2	5M HCl
L-ヒスチジン	−38.5	2	H_2O
L-トリプトファン	−33.7	1～2	H_2O
L-リシン	+13.5	2	H_2O
L-アルギニン	+12.5	2	H_2O

a) 文献[13] より抜粋

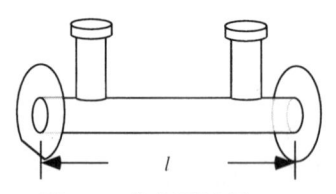

図 10.8 旋光度測定用セル

測定前にあらかじめ測定装置である旋光計のスイッチを入れておく必要がある（15分程度）．

(2) 溶　媒

溶媒としては，揮発性が少なく，また可視光吸収のないものが用いられる．

極性溶媒：水，メタノール，エタノール，アセトニトリルなど．

非極性溶媒：クロロホルム，ジオキサン，ヘキサン，シクロヘキサンなど．

(3) セ　ル

旋光計専用のものを用いる（図 10.8）．光路長 10 cm，内径 1 cm，容積約 8

cm^3，あるいは光路長 10 cm，内径 0.35 cm，容積約 1 cm^3 の 2 種類のセルが広く用いられている．測定精度を上げるため，可能なかぎり前者のセルを用いるようにする．セルにより測定値にばらつきが生じることがあるので，ブランク測定による補正は必ず行う．

(4) 試料量，濃度

通常の旋光計は，0.001°まで測定できる．試料濃度は，少なくとも有効数字が 3 桁までとれるよう調整する．旋光角の実測値は，少なくとも 0.1°を超えるようにする．同一の試料について 10 回程度測定を行い，その平均値を実測の旋光角とする．

(5) 比旋光度

比旋光度 $[\alpha]_\lambda^t$ は式 (10.1)，式 (10.2) によって求める．

$$[\alpha]_\lambda^t = \frac{100\alpha}{lc} \quad (溶液状態) \tag{10.1}$$

t：温度/℃，λ：波長/nm，α：実測の旋光角/°，
l：光路長/cm，c：試料濃度（溶液 100 cm^3 に含まれる溶質量/g）

あるいは，

$$[\alpha]_\lambda^t = \frac{d}{l\rho} \quad (純液体) \tag{10.2}$$

ρ：純液体の密度

比旋光度は，測定条件である温度，測定波長，試料濃度，溶媒を含めて下例のように表す．光源が Na-D 線の場合，波長の部分には D とだけ書く場合もある．

$$[\alpha]_D^{20} \ 69.2° \ (c\,1.0, エタノール)$$

試料が測定波長域に吸収をもつ場合，比旋光度の値が測定波長に応じて著しく変化することがある．この現象を旋光分散という．旋光分散が顕著に起こる基質では，測定波長により旋光角の符号が逆転することがある．このため，光学活性体の表示に（±）法を用いる場合には，10.3.1 項 (1) で述べたように測定波長を明示する必要がある．

(6) 光学純度

試料の比旋光度から算出した光学活性体の純度を光学純度（OP）と呼ぶ．OPは式 (10.3) に従い計算する．

$$\mathrm{OP} = \frac{[\alpha]_\lambda^t \text{ (試料)}}{[\alpha]_\lambda^t \text{ (光学純度 100\%)}} \times 100 \qquad (10.3)$$

(7) 旋光計の校正

旋光計の校正は，標準試料としてショ糖を用いて行う．ショ糖の旋光角は，c 1.0 の水溶液を長さ 10.0 cm のセルに入れ，20 ℃で Na-D 線を用いて測定したとき +0.665°になる．

(8) 測定上の注意点

旋光角の値は，測定条件の影響を極めて敏感に受ける．したがって，再現性のよい測定値を出すためには，各操作を極めて慎重にかつ速やかに行う必要がある．測定の際には必ず清潔な手袋などを着用し，特に測定セルの扱いには注意する（光路となる部分には決して触れてはならない）．測定値の再現性を下げる要因には，測定温度のゆらぎ，気泡の混入，微量の不溶物の混入などがある．また，糖類など，変旋光（溶液中で互変異性などを起こすため旋光度が経時的に変化すること）を起こす化合物の場合には，測定条件によって比旋光度が大きくばらつくので注意を要する．

文　献

1) 徳丸克己, 有機光化学反応論, p. 21, 東京化学同人 (1973).
2) 日本化学会編, 新実験化学講座 4　基礎技術 3　光 (II), p. 528, 丸善 (1976).
3) 日本化学会編, 実験化学講座 7　分光 (II)(第 4 版), p. 362, 丸善 (1992).
4) D. F. Eaton, "Reference materials for fluorescence measurement", *Pure Appl. Chem.*, **60**, 1107 (1988).
5) 堀江一之, 谷口彬雄編, 光・電子機能有機材料ハンドブック, p. 260, 朝倉書店 (1995).
6) 徳丸克己, 大河原信編, 増感剤, 講談社サイエンティフィク (1987).
7) S. L. Murov, I. Carmichael, G. L. Hug, "Handbook of Photochemistry, 2nd ed., Revised and Expanded", p. 4, Marcel Dekker, New York (1993).
8) 野平博之編著, 光学活性体　その有機工業化学, 朝倉書店 (1989).
9) 平山和雄, 平山健三訳著, 有機化学・生化学命名法上 下, 南江堂 (1980).
10) 畑　一夫, 有機化学の基礎 別巻 1　有機化合物の命名, 培風館 (1971).
11) 日本化学会編, 化学便覧 基礎編 I (改訂 4 版), p. 1-85, 丸善 (1993).
12) 後藤俊夫, 芝　哲夫, 松浦輝男監修, 有機化学実験のてびき 2　構造解析, p. 85, 化学同人 (1989).
13) R. M. C. Dawson, D. C. Elliott, W. H. Elliott, K. M. Jones (eds.), "Data for Biochemical Research", p.1, Clarendon Press, Oxford (1968).

11. 電気化学

11.1 はじめに

電気化学を専門としない研究室で使う電気化学の知識・手法は，主に次のどちらか（または両方）だろう．
① 論文などで出合う「酸化還元（レドックス）電位」の読み解き
② 実験に用いる試薬とか，合成物質の性質を知ろうとして行うボルタンメトリー（サイクリックボルタンメトリー）の原理・方法と結果の解釈

そのため本章では①と②を取り上げ，基礎事項を紹介した．紙幅の都合で書ききれない部分は教科書[1,2]，実験書[3,4]，便覧[5,6]にゆずる．

11.2 標準電極電位

11.2.1 電極電位

電解液に電極2本を浸し，電圧をかけたとしよう．電解液の本体（バルク）ではイオンが動いて電界を消し，電圧のほとんどは2つの電極-電解液界面にかかる（図11.1）．界面では，厚み1 nmほど（H_2O分子3個分）の薄い液層をはさんで正負の電荷が向き合っているから，そこを電気二重層と呼ぶ．

図11.1左手の電極（動作電極W）で起こる電子授受を調べたい．どんな反応が進むかは，電解液に対して動作電極がもつ電位差（A〜B）で決まる．それを動作電極の電位という．

しかし，両極にどのような材料を使っても，かけた電圧が左右の電極にどう分配されるかはわからないので，電極電位を制御したことにはならない．そのため

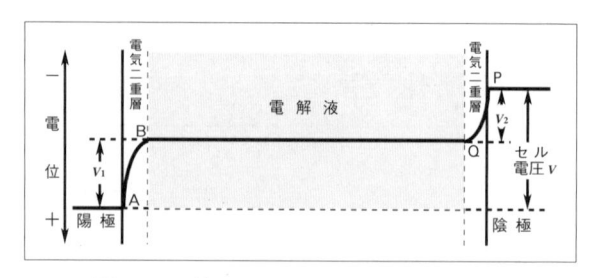

図 11.1 電解セル中にできる電位プロフィル

電気化学計測では基準電極というものを使う．

11.2.2 基準電極

図 11.1 でセル電圧を変えたとき，P～Q の電位差がほとんど変わらなければ，電圧はほぼ A～B 間だけで変わり，セル電圧で A～B の電位差を制御できる．そういう性質をもつ電極（上の例だと陰極）を基準電極 R（別名：参照電極）という．基準電極には以下のようなものがある．

① 標準水素電極： pH=0.00 の水溶液に白金線を浸し，1 atm の水素 H_2 を吹きこんだもの（図 11.2）．白金表面では次の電子授受平衡が成り立つ．

$$2H^+ + 2e^- \rightleftharpoons H_2 \tag{11.1}$$

塩橋は，KCl などを含む寒天を満たしたガラス管やビニル管で，イオン電流は流すが物質の混ざり合いは防ぐ（作製法は実験書[3]参照）．

電極電位が SHE に対して +1.23 V のとき，次のように書き表す．

$$+1.23 \text{ V } vs. \text{ SHE} \quad (vs. \text{は } versus) \tag{11.2}$$

② 銀-塩化銀（Ag-AgCl）電極： 表面に AgCl 層をつけた銀線を，Cl^- を含む水溶液に浸したもの（作製法は実験書[3]参照）．界面で次の平衡が成り立つ．

$$AgCl + e^- \rightleftharpoons Ag + Cl^- \tag{11.3}$$

$[Cl^-]$=1.00 M を標準とするが，正確な濃度を保つのはむずかしいから，普通は飽和 KCl 水溶液に Ag/AgCl 線を浸す．

③ カロメル電極： Hg に Hg_2Cl_2 を乗せ，KCl 水溶液と接触させたもの（環境汚染の問題があって昨今は多用しない）．電子授受平衡は次式になる．

$$Hg_2Cl_2 + 2e^- \rightleftharpoons 2Hg + 2Cl^- \tag{11.4}$$

飽和 KCl 水溶液を用いたものを飽和カロメル電極 SCE という．

以上 3 つの基準電極は，図 11.3 に示す電位の相互関係をもつ．

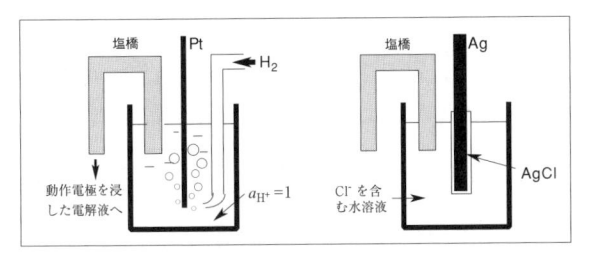

図 11.2 標準水素電極 SHE（左）と Ag–AgCl 電極（右）

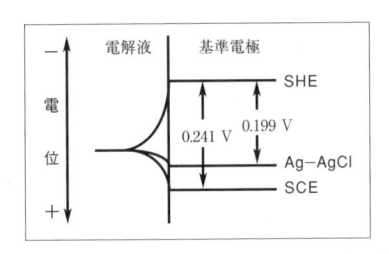

図 11.3 標準電極 3 種：SHE，Ag–AgCl（Cl⁻飽和），SCE の電位相関

11.2.3 電極を 3 本使う計測

電極 2 本だと，どんな基準電極も，電圧を変えたとき界面の電位差（図 11.1 の V_2）が少しは変化し，電流が大きいほど変化も大きい．それを避けるため，別に補助電極 A（別名：対極）というものを入れ，電流の大半は W–A 間に流して，W–R 間の電流をできるだけ小さくする．こういう三電極系の測定にはポテンシオスタット（定電位電解装置．p. 117 参照）を使う．

11.2.4 標準電極電位 $E°$

以上は計測時の電位制御だったが，実測電位は電解液の種類でずれるため，真の標準にはならない．そのため酸化還元系の標準電位は，物質それぞれの熱力学データ（標準生成ギブズエネルギー $\Delta_f G°$）をもとに定める．

『化学便覧』[6] が物質 1 500 種類ものデータを載せている $\Delta_f G°$ の素性や重要性について詳しくは教科書[1, 2] にゆずり，骨子だけ述べる．まず，標準水素電極 SHE で成り立つ H^+ と H_2 の電子授受平衡

$$2H^+ + 2e^- \rightleftharpoons H_2 \tag{11.1}$$

を考えよう．$\Delta_f G°$ は電気エネルギーに等価で，式 (11.1) が平衡にあるときは両

辺のエネルギーが等しい．式 (11.1) の電子 e^- がいる場所の電位が $E°$ なら，ファラデー定数を F として，電子 2 mol は $-2FE°$ の電気エネルギーをもつ．物質の $\Delta_f G°$ を $\Delta_f G°(\mathrm{H}^+)$ などと表せば，つり合いの条件は次式になる．

$$2\Delta_f G°(\mathrm{H}^+) - 2FE° = \Delta_f G°(\mathrm{H}_2) \qquad (11.5)$$

熱力学では $\Delta_f G°(\mathrm{H}^+) = \Delta_f G°(\mathrm{H}_2) = 0$ と約束するので，$E° = 0$ V となる（まさにこれが，$E°$ データを SHE 基準で表示する論拠）．

一般の例として，例えば電子授受平衡

$$\mathrm{Fe}^{3+} + e^- \rightleftharpoons \mathrm{Fe}^{2+} \qquad (11.6)$$

につき，電子 e^- の電位を $E°(\mathrm{Fe}^{3+}/\mathrm{Fe}^{2+})$ と書けば，式 (11.5) と同類の式

$$\Delta_f G°(\mathrm{Fe}^{3+}) - FE°(\mathrm{Fe}^{3+}/\mathrm{Fe}^{2+}) = \Delta_f G°(\mathrm{Fe}^{2+}) \qquad (11.7)$$

が成り立つ．$\Delta_f G°$ 値（Fe^{3+}：-4.7 kJ mol^{-1}，Fe^{2+}：-78.90 kJ mol^{-1}）を代入して，$E°(\mathrm{Fe}^{3+}/\mathrm{Fe}^{2+}) = +0.77$ V (*vs.* SHE) を得る．Fe^{3+} と Fe^{2+} のような組を酸化還元（レドックス）対といい，電子をもらう物質（Fe^{3+}）を酸化体，電子を出す物質（Fe^{2+}）を還元体と呼ぶ．なお，式 (11.1) や (11.6) のような電子授受は，矢印（→，←）で化学反応ふうに書いても，等号（=）や平衡記号（⇌）で書いても，あるいは化学式の係数を何倍にしても，電位の値は変わらない．

こうした手続きで算出された標準電極電位 $E°$ は幅広い用途をもつため，『化学便覧』[6] も 400 近い値を載せている．一部を表 11.1 にまとめた．

11.2.5 $E°$ データの活用

$E°$ が語ることのあらましを紹介しよう（詳細は教科書[1,2]参照）．

(1) 物質の電子授受能

$E°$ が負で絶対値の大きい酸化還元対（筆頭が $\mathrm{Li}^+/\mathrm{Li}$ 系．$E° = -3.045$ V *vs.* SHE）ほど還元体（Li）は酸化されやすく（電子を出しやすく），酸化体（Li^+）は還元されにくい（電子を受けとりにくい）．

$E°$ が正で大きい酸化還元対（筆頭が F_2/HF 系．$E° = +3.053$ V *vs.* SHE）ほど還元体（HF）は酸化されにくく，酸化体（F_2）は還元されやすい．

(2) 化学変化の自然な向きと電池の起電力

表 11.1 から抜き出した 2 つの電気化学平衡を考える．

$$\mathrm{Zn}^{2+} + 2e^- = \mathrm{Zn} \qquad E° = -0.763 \text{ V } vs.\text{ SHE}$$
$$\mathrm{Cu}^{2+} + 2e^- = \mathrm{Cu} \qquad E° = +0.337 \text{ V } vs.\text{ SHE}$$

電子は低電位から高電位に流れるため，Zn が電子を出し，それを Cu^{2+} がもら

11.2 標準電極電位

表 11.1 標準電極電位 $E°$ (V vs. SHE) の例

M^{n+}/M 系			
$Li^+ + e^-$	$= Li$		-3.04
$K^+ + e^-$	$= K$		-2.925
$Ba^{2+} + 2e^-$	$= Ba$		-2.92
$Ca^+ + 2e^-$	$= Ca$		-2.84
$Na^+ + e^-$	$= Na$		-2.714
$Mg^{2+} + 2e^-$	$= Mg$		-2.356
$Al^{3+} + 3e^-$	$= Al$		-1.676
$Mn^{2+} + 2e^-$	$= Mn$		-1.18
$Zn^{2+} + 2e^-$	$= Zn$		-0.763
$Fe^{2+} + 2e^-$	$= Fe$		-0.44
$Cd^{2+} + 2e^-$	$= Cd$		-0.403
$Co^{2+} + 2e^-$	$= Co$		-0.277
$Ni^{2+} + 2e^-$	$= Ni$		-0.257
$Sn^{2+} + 2e^-$	$= Sn$		-0.138
$Pb^{2+} + 2e^-$	$= Pb$		-0.126
$2H^+ + 2e^-$	$= H_2$		0.000
$Cu^{2+} + 2e^-$	$= Cu$		$+0.337$
$Cu^+ + e^-$	$= Cu$		$+0.520$
$Hg_2^{2+} + 2e^-$	$= 2Hg$		$+0.796$
$Ag^+ + e^-$	$= Ag$		$+0.799$
$Hg^{2+} + 2e^-$	$= Hg$		$+0.85$
$Pt^{2+} + 2e^-$	$= Pt$		$+1.188$
$Au^{3+} + 3e^-$	$= Au$		$+1.52$
$Au^+ + e^-$	$= Au$		$+1.83$

M^{n+}/M^{m+} (単イオン) 系			
$V^{3+} + e^-$	$= V^{2+}$		-0.255
$Sn^{4+} + 2e^-$	$= Sn^{2+}$		$+0.15$
$Cu^{2+} + e^-$	$= Cu^+$		$+0.159$
$Fe^{3+} + e^-$	$= Fe^{2+}$		$+0.771$
$2Hg^{2+} + 2e^-$	$= Hg_2^{2+}$		$+0.911$
$Mg^{3+} + e^-$	$= Mg^{2+}$		$+1.51$
$Ce^{4+} + e^-$	$= Ce^{3+}$		$+1.71$

M^{n+}/M^{m+} (錯イオン) 系			
$Ag(CN)_2^- + e^-$	$= Ag + 2CN^-$		-0.31
$Fe(CN)_6^{3-} + e^-$	$= Fe(CN)_6^{4-}$		$+0.361$
$Ag(NH_3)_2^+ + e^-$	$= Ag + 2NH_3$		$+0.373$

X_2/X^- 系			
$S + 2e^-$	$= S^{2-}$		-0.447
$Br_2(aq) + 2e^-$	$= 2Br^-$		$+1.087$
$Cl_2(aq) + 2e^-$	$= 2Cl^-$		$+1.396$
$F_2 + 2e^-$	$= 2F^-$		$+2.87$

MX/M 系		
$Cu_2S + 2e^-$	$= 2Cu + S^{2-}$	-0.898
$Ag_2S + 2e^-$	$= 2Ag + S^{2-}$	-0.691
$PbSO_4 + 2e^-$	$= Pb + SO_4^{2-}$	-0.351
$PbCl_2 + 2e^-$	$= Pb + 2Cl^-$	-0.268
$CuI + e^-$	$= Cu + I^-$	-0.182
$AgI + e^-$	$= Ag + I^-$	-0.152
$CuBr + e^-$	$= Cu + Br^-$	$+0.033$
$AgBr + e^-$	$= Ag + Br^-$	$+0.071$
$CuCl + e^-$	$= Cu + Cl^-$	$+0.121$
$AgCl + e^-$	$= Ag + Cl^-$	$+0.222$
$Hg_2Cl_2 + 2e^-$	$= 2Hg + 2Cl^-$	$+0.268$
$Cu_2O + 2H^+ + 2e^-$	$= 2Cu + H_2O$	$+0.472$
$CuO + 2H^+ + 2e^-$	$= Cu + H_2O$	$+0.557$

無機物その他		
$O_2 + e^-$	$= O_2^-(aq)$	-0.284
$S + 2H^+ + 2e^-$	$= H_2S(g)$	$+0.174$
$O_2 + 2H^+ + 2e^-$	$= H_2O_2$	$+0.695$
$NO_3^- + 2H^+ + 2e^-$	$= NO_2^- + H_2O$	$+0.835$
$O_2 + 4H^+ + 4e^-$	$= 2H_2O$	$+1.229$
$MnO_2 + 4H^+ + 2e^-$	$= Mn^{2+} + 2H_2O$	$+1.23$
$Cr_2O_7^{2-} + 14H^+ + 6e^-$	$= 2Cr^{3+} + 7H_2O$	$+1.36$
$MnO_4^- + 8H^+ + 5e^-$	$= Mn^{2+} + 4H_2O$	$+1.51$
$PbO_2 + SO_4^{2-} + 4H^+ + 2e^-$	$= PbSO_4 + 2H_2O$	$+1.698$
$H_2O_2 + 2H^+ + 2e^-$	$= 2H_2O$	$+1.763$
$S_2O_8^{2-} + 2e^-$	$= 2SO_4^{2-}$	$+1.96$
$O_3 + 2H^+ + 2e^-$	$= O_2 + H_2O$	$+2.705$
$F_2 + 2H^+ + 2e^-$	$= 2HF$	$+3.053$

有機物		
$CO_2 + 2H^+ + 2e^-$	$= HCOOH(aq)$	-0.199
$HCOOH(aq) + 2H^+ + 2e^-$	$= HCHO(aq) + H_2O$	$+0.034$
$CO_3^{2-} + 6H^+ + 4e^-$	$= HCHO(aq) + 2H_2O$	$+0.197$
$CO_3^{2-} + 8H^+ + 6e^-$	$= CH_3OH(aq) + 2H_2O$	$+0.209$
$CO_3^{2-} + 3H^+ + 2e^-$	$= HCOO^- + H_2O$	$+0.311$
$CH_3OH(aq) + 2H^+ + 2e^-$	$= CH_4 + H_2O$	$+0.588$

う（このように電気化学では「下方が正電位」と考えるとよい）．反応式は，

$$Zn \longrightarrow Zn^{2+} + 2e^-$$
$$Cu^{2+} + 2e^- \longrightarrow Cu$$

を足し合わせた $Zn + Cu^{2+} \to Zn^{2+} + Cu$ になる．

この反応を利用した銅-亜鉛電池の最大起電力は $E°$ 差の 1.100 V となる．

(3) 電解の所要電圧

$$2Cl^- + 2Cu^{2+} \longrightarrow Cl_2 + 2Cu^+ \tag{11.8}$$

という酸化還元反応は

$$2Cu^{2+} + 2e^- \longrightarrow 2Cu^+ \quad E° = +0.159 \text{ V } vs. \text{ SHE}$$
$$2Cl^- \longrightarrow Cl_2 + 2e^- \quad E° = +1.396 \text{ V } vs. \text{ SHE}$$

と分解でき，電子を正電位から負電位に移すため，エネルギーを与えなければ進まない．電解で進ませるには $E°$ 差以上の電圧をかける．式 (11.8) は単純な反応だから $E°$ 差（約 1.24 V）より少し大きい電圧で進むが，進みにくい素過程を含む反応は過電圧が大きく，所要電圧も増す（過電圧は文献[1,2] 参照）．

(4) 固体の溶解度積・溶解度

臭化銀は水にごくわずか溶け，次の溶解平衡が成り立つ．

$$AgBr \rightleftharpoons Ag^+ + Br^- \tag{11.9}$$

式 (11.9) の右向き変化は，次の2つの電子授受反応を足せばできる．

$$AgBr + e^- \to Ag + Br^- \quad E° = +0.071 \text{ V } vs. \text{ SHE}$$
$$Ag \longrightarrow Ag^+ + e^- \quad E° = +0.799 \text{ V } vs. \text{ SHE}$$

むろん電子は自発変化ではない向きに動いている．エネルギー（単位 J）= 電位差 (V) ×電荷 (C) の関係より，$E°$ 差 0.728 V と電子 1 mol の電荷 96 485 C をかけ，1 mol の臭化銀を溶かすのに必要なエネルギーは 70 240 J となる．それを化学平衡の基本式（教科書[1,2] 参照）

$$\Delta_r G° = -RT \ln K_{sp} \tag{11.10}$$

の左辺に入れると，次の結果が得られる（K_{sp} は溶解度積）．

$$\ln K_{sp} = -28.34 \quad K_{sp} = 4.92 \times 10^{-13} \text{ M}^2$$

AgBr の飽和濃度を S とすれば，$S = [Ag^+] = [Br^-]$ だから $K_{sp} = S^2$，つまり

表 11.2　標準電極電位 $E°$ と式量電位 $E°'$ の例

電気化学平衡	$E°$ / V vs. SHE	$E°'$ / V vs. SHE	
$Ag^+ + e^- = Ag$	+0.799	+0.792	(1 M $HClO_4$ 中)
		+0.770	(1 M H_2SO_4 中)
$Ce^{4+} + e^- = Ce^{3+}$	+1.71	+1.70	(1 M $HClO_4$ 中)
		+1.60	(1 M HNO 中)
		+1.44	(1 M H_2SO_4 中)
$Fe^{3+} + e^- = Fe^{2+}$	+0.771	+0.710	(0.5 M HCl 中)
		+0.530	(10 M HCl 中)
		+0.680	(1 M H_2SO_4 中)

$S = 7.0 \times 10^{-7}$ M となり，実測値 7.2×10^{-7} M によく合う．

11.2.6　式量電位

上述の通り $E°$ は実測値ではない．平衡状態で実測した電位は，$E°$ ではなく $E°'$ という記号で表し，式量電位と呼ぶ．精密に求めた $E°'$ は「準・標準」に使えるため，『化学便覧』も 190 例を載せている．$E°'$ と $E°$ がどの程度違うか，例を表 11.2 に示す．

$E°$ 値に一致する式量電位 $E°'$ はないし，$E°'$ 自身も電解液の種類や濃度で数十〜300 mV は動く．だから，身近にある物質の電子授受能を $E°$ 値だけで判断してはいけない（高校化学の「イオン化列」はこの禁則を犯している！）．ただし，$E°'$ と $E°$ の差は 300 mV をめったに超えないので，$E°$ 値に 300 mV 以上の差があるなら，$E°$ 値をもとに酸化・還元力の序列を語ってもよい．

11.2.7　ネルンストの式

混合物のうち，ある成分が占める粒子数の割合（モル分率）を活量（記号 a）という．ただしこれでは不便だから，物理化学では次のように約束する．

気体：モル分率の代用に分圧 p（単位 atm）を使う．
溶質：モル分率の代用に体積モル濃度 c（M = mol L^{-1}）を使う．
溶媒：本来の定義通り，希薄溶液の溶媒は $a = 1$ とみる．
固体：本来の定義通り，純粋な固体は $a = 1$ とみる．

今までは，平衡式に現れる物質の活量 a をすべて 1 と考えていた．酸化体 O や還元体 R の活量が変わり，例えば a_O/a_R 比が 1 を超えれば，酸化体が電極から電子 e^- を奪う勢いが強まって，電極電位 E は $E°$ から正の向きに動く．

界面の電子授受平衡

に化学熱力学を当てはめると次式が得られる（教科書 [1,2] 参照）.

$$E = E° + \frac{RT}{nF} \ln \frac{a_P^p \cdot a_Q^q}{a_X^x \cdot a_Y^y} \tag{11.12}$$

酸化体を O，還元体を R と簡略化した平衡

$$O + ne^- = R$$

なら，式 (11.12) に対応する式は

$$E = E° + \frac{RT}{nF} \ln \frac{a_O}{a_R} \tag{11.13}$$

と書ける．式 (11.12) や (11.13) をネルンストの式という．

　応　用：ネルンストの式は，次の2点について定量的な情報をもたらす．
① 物質の活量（濃度）が変わると電位が変わる．
② 電位を変えると物質の活量（濃度）が変わる．

①を利用すれば，電位測定から濃度がわかる．例えば金属イオン M^{n+} を含む溶液に金属 M の電極を浸したとき，表面で次の平衡が成り立つ．

$$M^{n+} + ne^- = M \tag{11.14}$$

ネルンストの式より，電位 E は（実測値だから，標準電極電位 $E°$ ではなく式量電位 $E°'$ を使い，25℃で定数を数値化して）

$$E / V \text{ vs. SHE} = E°' + (0.059/n) \log_{10}[M^{n+}] \tag{11.15}$$

と書ける．つまり，濃度が1桁変わると，1価イオンなら約 60 mV，2価イオンなら約 30 mV ずつ電位が動くため，校正直線を作っておけば濃度がわかる．pHメーターのガラス電極はこの原理を利用したもので，14桁もの H^+ 濃度域にわたって電位が pH（$= -\log_{10}[H^+]$）に直線応答する．

②の例もみよう．Cu 電極の電位を +0.247 V vs. SHE にすれば，（単純な反応なので $E°' = E° = +0.337$ V vs. SHE とした）ネルンストの式から

$$+0.247 = +0.337 + 0.030 \log_{10}[Cu^{2+}] \tag{11.16}$$

が成り立ち，平衡時の $[Cu^{2+}]$ を 1.0×10^{-3} M に制御できる．

11.3　ボルタンメトリー

時間に対し電位を変えていくことを電位の走査（掃引）という．電位を走査し

つつ電流を測れば，電位と電流（電子授受反応速度）の関係（電流-電位曲線）を記録できる．この測定をボルタンメトリー（**volt**+**am**pere+**metry**），得られる電流-電位曲線をボルタモグラムと呼ぶ．以下では，静止した電解液を用い，電位を一定範囲で繰り返し走査しながら行うボルタンメトリーを考える．これは最も多用される手法で，サイクリックボルタンメトリー（CV）という．

11.3.1 装置・溶液

ポテンシオスタットを中核装置とし，これに様々な電位-時間曲線を出す関数発生器と，電流-電位曲線（ボルタモグラム）や電流-時間曲線を記録するレコーダーをつなぐ（図 11.4）．溶存物質の反応を調べたいとき，動作電極 W には，広い電位範囲で不活性な電極（白金，金，炭素など）を使う．基準電極 R は，Ag‐AgCl 電極や SCE にする．電流の捨て場となる補助電極 A は，抵抗が電位制御を邪魔しないよう，なるべく面積の大きい不活性電極（例えば白金黒）とするのがよい．

水または有機の液体（アセトニトリルなど）を溶媒とし，調べたい物質が電子授受する電位範囲で分解しない電解質（支持電解質）を濃度 0.1〜1 M で溶かす．電解液に溶けた酸素 O_2 は還元されやすく，その電流が妨害しやすいため，測定前に窒素やアルゴンを吹きこんで溶存酸素を追い出すとよい．

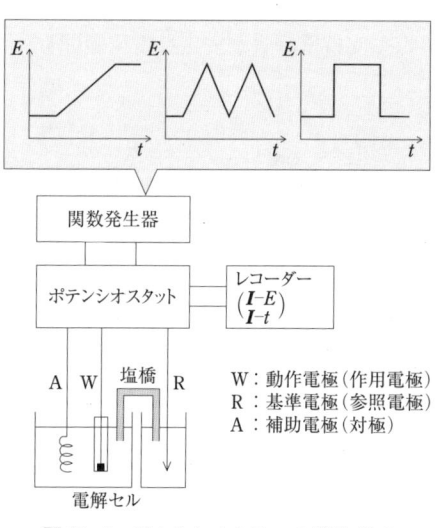

図 11.4 ボルタンメトリーの道具だて

11.3.2 バックグラウンド測定

調べたい物質を溶かす前，電解質だけ含む溶液につき，溶媒も電解質も酸化還元を受けない（つまり定常電流＝ファラデー電流が流れない）電位範囲でどんな電流が流れるかをみる．まず，単一の電位 E を電極にかけたときは，図 11.5 (b) の等価回路にある溶液抵抗 R，電気二重層の静電容量 C により決まる時定数 RC（0.01 秒台）で電気二重層が充電され，その電流は次の式で表される．

$$I(t) = \frac{E}{R} \exp\left(-\frac{t}{RC}\right) \tag{11.17}$$

次に電位を図 11.5 (a) のように速度 v V s^{-1} で走査する．電極にはたえず新しい電位がかかって，二重層の充電が進み続けるため，電流と時間の関係は次の形になる（$v=0$ とすれば式 (11.17) に一致）．

$$I = \left\{\left(\frac{E_i}{R} - vC\right) \exp\left(-\frac{t}{RC}\right)\right\} + vC \tag{11.18}$$

走査を始めた瞬間に E_i/R の電流が流れ，$3RC$ も時間がたてば大きさ vC の定常電流になり，電位 E_λ で走査を折り返すと電流も反転する．往路と復路をまとめ，図 11.5 (d) のボルタモグラムが得られる．

実際には，電位で静電容量 C が変わったり，不純物の電解も起きたりして余分な電流も流れる．こうした電流をまとめて残余電流という．バックグラウンド測定をしてみれば，溶媒や支持電解質が安定な電位範囲や，溶媒と電解質の純度，

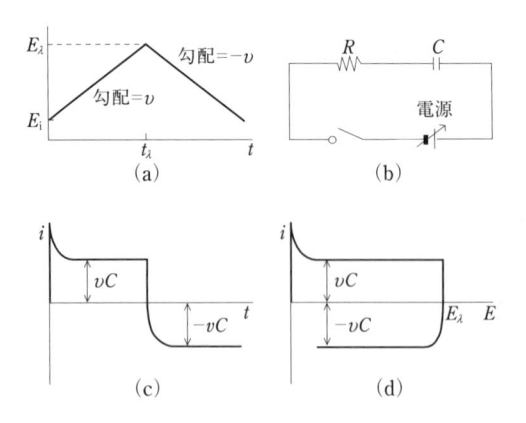

図 11.5 反応基質を入れない場合のサイクリックボルタモグラム

溶存酸素の除けた度合いがわかる．

11.3.3 反応物の測定

いよいよ反応物 R を mM 濃度で溶かす．R は次の電子授受をするとしよう．

$$R \rightleftarrows O + ne^- \tag{11.19}$$

電子授受速度は十分に大きく，電位を E にしたとき，電極表面での還元体 R と酸化体 O の濃度が，ネルンストの式

$$E = E^{\circ\prime} + \frac{RT}{nF} \ln\left(\frac{C_O}{C_R}\right) \tag{11.20}$$

に従って速やかに変わるとする（$E^{\circ\prime}$ は式量電位）．

電位域 $E_i \sim E^{\circ\prime} \sim E_\lambda$ の往復で，図 11.6 (c)，(d) の電流が現れる．このとき等価回路は図 11.6 (b) になり，往路で酸化（アノード）電流，復路で還元（カソード）電流が，抵抗 R_f（反応抵抗）を流れる．R_f は一定ではなく，電流に逆比例して変わると考える．図 11.6 (d) のボルタモグラム（当然ながら，電流値は図 11.5 (d) よりずっと大きい）を以下で分析しよう．

11.3.4 ボルタモグラムの解剖

R を溶かした電解液中で，動作電極 W の電位を起点 $E_i = E^{\circ\prime} - 0.2$ V から終点 $E_\lambda = E^{\circ\prime} + 0.2$ V まで走査し，図 11.7 のボルタモグラムを得たとする．電子授受は十分に速いと仮定したから，電流 I は，反応物が電極表面に輸送されてくる速さでほぼ決まり，電極面積を A，拡散係数を D として，表面における反応種の濃

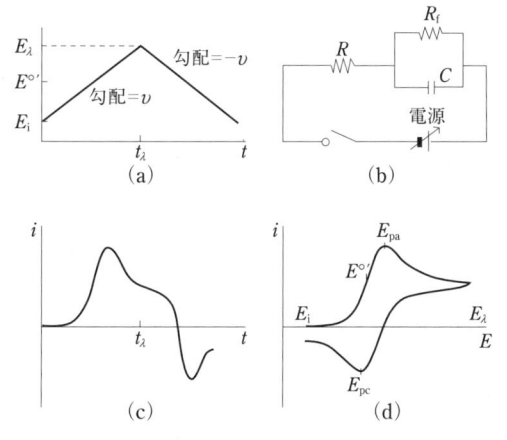

図 11.6 反応基質を入れた吻合のサイクリックボルタモグラム

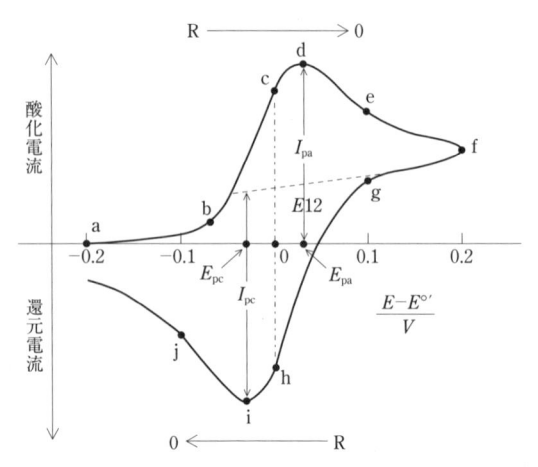

図 11.7 図 11.6 の電位走査に対して得られるサイクリックボルタモグラム

度勾配に比例する次式で表せる[2)].

$$I = nFAD_P \left|\frac{dc_P}{dx}\right|_{x=0} \quad (P = R \text{ または } O) \tag{11.21}$$

これを念頭に，a 点から j 点までに起こる現象を考えてみよう．

① a 点： ネルンストの式 (11.20) より，$n = 1$ なら $c_O/c_R \fallingdotseq 0.004$ なので，ほぼ R だけが存在する．

② a 点→d 点： 電極表面の c_R と c_O が式 (11.20) に従って変わる．時間とともに拡散層（教科書[2)] 参照）も広がるが，c_R 減少（→ R の濃度勾配増大）のほうが大きく効くため，アノード電流 I は指数関数的に増えていく．つまり a 点→d 点の電流値はおおむね電極電位 E の変化が決めている．

③ d→f 点： e 点の電位 E は $E^{\circ\prime}$ より 0.1 V 高く，$n = 1$ とした式 (11.20) から $c_O/c_R \fallingdotseq 500$ なので，表面の c_R はほぼ 0 とみてよい．こうなると電流は，$c_R = 0$ になってからの経過時間だけで決まり，電位 E にも走査速度 v にも関係しない．

電位を e〜f 点あたりにステップさせたとき，流れる電流の時間依存性は次の式（コットレル式）で表され，図 11.7 の電流もこれと同じだと考えてよい（c_{Rb} は R のバルク濃度）．

$$I(t) = nFAD_R c_{Rb} (\pi D_R t)^{-1/2} \tag{11.22}$$

このように，ボルタモグラムの形を決めるファクターは，電流のピーク（d 点）付近を境に一変している．

④ f 点→g 点： 電位を折り返してからしばらくは上記③の続きなので，時間の経過とともに拡散層が広がり，電流値が減少してゆく．

⑤ g 点→i 点： 順方向走査のときにできていた酸化体 O が，ネルンスト式 (11.20) に従って還元体 R に戻るため，O の還元電流（カソード電流）が流れる．この電流は，a 点→d 点の走査と同じく，主に電位 E で決まっている．

⑥ i 点→j 点→初期電位 E_i： d 点→e 点→f 点の走査を裏返しにした変化が進む．

11.3.5 ボルタモグラムから得られる情報

電子授受が速い系のボルタモグラム（図 11.7）では，酸化ピーク電流 I_{pa}，酸化ピーク電位 E_{pa}，電流が $I_{pa}/2$ となる電位 $E_{p/2}$，半波電位 $E_{1/2}$，還元ピーク電流 I_{pc}，還元ピーク電位 E_{pc} を定義できる．これらは反応電子数 n，拡散係数 D（単位 $cm^2 s^{-1}$），走査速度 v ($V s^{-1}$)，濃度 c ($mol\ cm^{-3}$) と次の関係にある．

$$I_{pa} = 0.4463\ nFAc_{Rb}(nF/RT)^{1/2}v^{1/2}D_R^{1/2} \qquad (11.23)$$
$$= 2.69 \times 10^5 n^{3/2} Ac_{Rb} v^{1/2} D_R^{1/2} \quad (25\ ℃)$$

$$E_{pa}/mV = E_{1/2} + 28.5/n \quad (25\ ℃) \qquad (11.24)$$

$$E_{p/2}/mV = E_{1/2} - 28.0/n \quad (25\ ℃) \qquad (11.25)$$

半波電位 $E_{1/2}$ は E_{pa} と E_{pc} の中間で，ネルンストの式 (11.20) の $E°'$ と次の関係にあり，$D_R ≒ D_O$ なら $E_{1/2} ≒ E°'$ が成り立つ．

$$E_{1/2} = E°' + (RT/nF)\ln(D_O/D_R)^{1/2} \qquad (11.26)$$

こうしてボルタンメトリーは，電子授受の式量電位 $E°'$ を教えてくれる．逆向き走査での挙動は，折り返し電位 E_λ で変わるが，$E_\lambda > E°' + 0.2\ V$ なら，酸化ピークと還元ピークの電位差（ピークセパレーション）ΔE_p が

$$\Delta E_p/mV = E_{pa} - E_{pc} = 59/n \quad (25\ ℃) \qquad (11.27)$$

となる．ΔE_p の値は電極反応の可逆性を反映し，$n=1$ の可逆な電子授受で 59 mV だが，非可逆性が大きいほど増加する（詳細は実験書[4]参照）．

11.3.6 実例：フェロセンのボルタンメトリー

可逆な $n=1$ の電子授受をするフェロセン (Fc) の測定をしてみよう．

$$Fc \rightleftharpoons Fc^+ + e^- \qquad (11.28)$$

精製したアセトニトリルに 0.1 M の $LiClO_4$ と 1 mM の Fc を溶かし，アルゴン

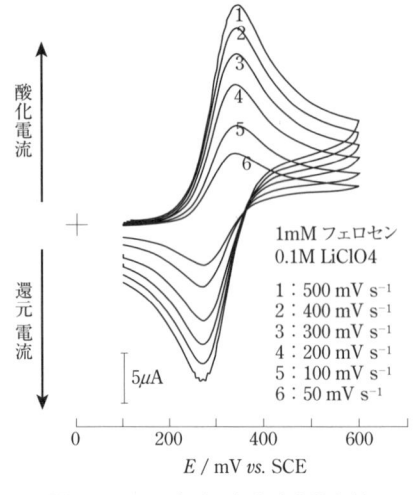

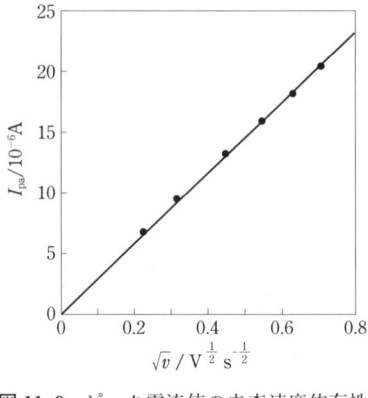

図 11.8 CV 波形の走査速度依存性

図 11.9 ピーク電流値の走査速度依存性

を吹きこんで酸素を除く．動作電極は半径 0.8 mm の Pt 円盤（表面を 0.05 μm 径のアルミナで研磨したあと蒸留水で洗い乾燥したもの），基準電極は SCE，補助電極は表面積の大きい Pt 巻線とした．$E_i = +100$ mV と $E_\lambda = +600$ mV の間をさまざまな速度で走査したときの結果を図 11.8 に示す．

走査速度 v を上げると，ピーク電流は増えるがピーク電位はほぼ一定で，$\Delta E_p = +60 \sim 70$ mV となる．$n=1$ の可逆系の理論値 59 mV より少し大きいが，現実の測定は IR 降下に影響されるので，ほぼ可逆な応答と考えてよい．E_{pa} と E_{pc} の値から $E_{1/2}(\fallingdotseq E°') = +310$ mV vs. SCE が得られる．

走査速度 v が大きいほど二重層の充電電流が増え，折り返し電位（+600 mV）あたりの波形がなまっている．酸化ピーク電流 I_{pa} を走査速度 v の平方根に対してプロットすると（図 11.9），式 (11.23) に従う直線となり，勾配からフェロセンの拡散係数 D が 2.8×10^{-5} cm^2 s^{-1} と求められる．

文　献
1) 日本化学会編，渡辺　正，中林誠一郎，化学者のための基礎講座 12　電子移動の化学，朝倉書店 (1996)．
2) 渡辺　正，金村聖志，益田秀樹，渡辺正義，電気化学，丸善 (2001)．
3) 藤嶋　昭，相澤益男，井上　徹，電気化学測定法 上　下，技報堂出版 (1984)．

4) 逢坂哲彌,小山 昇,大坂武男,電気化学法・基礎測定マニュアル,講談社サイエンティフィク (1989).
5) 電気化学会編,電気化学便覧 (第5版),丸善 (2000).
6) 日本化学会編,化学便覧 基礎編II (改訂4版),丸善 (1993).

12. クロマトグラフィー

12.1 カラムクロマトグラフィー用充填剤（保持力調整法）

カラムクロマトグラフィーは，目的とする化合物の単離および精製などに用いる．最も簡単に行う方法は，充填剤をコック付きのガラス管に充填した後，試料溶液をガラス管の上部の充填剤に担持させ，ついで移動相を流して分離するやり方でオープンカラムクロマトグラフィーと呼ばれる．このとき，移動相が自然流下できる程度の粒径（60～200 μm）をもつ充填剤を使用する．充填剤の粒径が小さいほど高い分離効率が得られるが，粒径が小さくなると移動相を気体で加圧する（フラッシュクロマトグラフィー）かあるいは移動相自体をポンプで加圧送液する（中圧クロマトグラフィー）必要が生じる．通常，フラッシュクロマトグラフィーでは 40～60 μm，中圧クロマトグラフィーでは 20～40 μm 程度の粒径を有する充填剤を使用する．

分離モードとしては，吸着，分配，イオン交換あるいはイオン排除などがある．吸着モードは主に試料の担体への吸着力の差を利用する．分配モードは担体に固定化された液相（固定相）と移動相との間における試料の分配の差を利用する．移動相の方が相対的に極性が小さい系を順相系，大きい場合を逆相系と呼ぶことがある．イオン交換モードはイオン交換体上のイオン性官能基と試料イオンとの親和力の差（正式には選択係数の差）を利用する．イオン排除モードはイオン交換体上に形成された擬似的な荷電膜（ドナン膜）に対する試料の分配の差を利用する．

実際の試料分離に際してはこれらの分離モードが単独で働くことは少なく，複数のモードが複雑に作用することが多い．したがって，使用する移動相中で充填

剤（固体または液相）と試料間にどのような相互作用が働くかをあらかじめ把握しておくことが必要である．

それぞれの分離モードでの代表的なカラムクロマトグラフィー用充填剤を以下に示す．

① シリカゲル（吸着，順相系）： カラムクロマトグラフィーで多く使用されている充填剤の1つである．機械的強度に優れ，比較的無害であり，有機溶媒中でも比較的安定であるが，塩基性溶媒中ではシリカゲルの表面状態が変化するため移動相には使用しにくい．したがって，極性の小さい有機化合物，特に中性や酸性の化合物に対して広く用いられる．破砕状と球状のものが市販されているが，粒度が揃っている球状の方が均一に充填しやすく，担持した試料がカラム内を通過するとき試料相が均一になりやすい．最近は蛍光剤入りのカラムクロマトグラフィー用シリカゲルが市販され，石英製カラムに充填すればカラム内を移動する芳香族化合物などを紫外光照射により追跡することもできる．

細孔径は小さいほど試料の保持力が大きく，低極性試料の分離に適している．シリカゲルにあらかじめ吸着している水は分配モードに寄与する．したがって，シリカゲル上の水分量を調節することによって分離能を制御することが可能であるが，逆に移動相中の微量な水分が分離に影響する場合があるので注意が必要である．シリカゲルを用いた場合の試料の保持は試料の親水性に依存し，一般に親水性の官能基が多いほど保持が大きくなる．

官能基別の保持の大きさはおおむね以下の通りである．

$-Cl < -H < -OCH_3 < -NO_2 < -N(CH_3)_2 < -COOCH_3 < -OCOCH_3 < -C=O <$
$-NH_2 < -NHCOCH_3 < -OH < -CONH_2 < -COOH$

未使用のシリカゲルは空気中に存在する水分の吸着を避けるためにデシケーター内で保存することが望ましい．また，使用後のシリカゲルは溶媒や不純物などを吸着しているのでそのまま廃棄せず，所属機関の廃棄方法に従う．

② 酸化アルミニウム（アルミナ）： 主に極性の小さい塩基性化合物に対して用いられる．水分含有量が低いほど保持力が大きい．保持力の指針としてブロックマン（Brockmann）の活性度が用いられており（表12.1），活性度の高いⅠからⅤまで5段階に分類されている．シリカゲルと同様，細孔径が小さいほど保持力が大きい．試料あるいは移動相がケトンあるいはエステル基を有する化合物の場合には酸性か中性のアルミナを用いる．

表 12.1 ブロックマンの活性度[1]

ブロックマンの活性度	処理方法あるいは状態	活性
I	180〜200℃で3時間加熱したもの	大 ↑
II	水分を4%含有したもの	
III	水分を7.5%含有したもの	
IV	水分を11%含有したもの	↓
V	水分を18%含有したもの	小

③ オクタデシルシリル化シリカゲル(ODS)(逆相分配): オクタデシルシリル基を固定相として導入したシリカゲルであり,固定相と移動相との間の分配により試料を分離する.メタノールやエタノールなどの極性の比較的大きい移動相を用いることにより,極性の大きい有機化合物の分離に適用できる.ODSは高速液体クロマトグラフィー(HPLC)用充填剤として広く用いられているため,同じような移動相条件を適用してHPLCによる分離分析が可能である.

保存はシリカゲルと同様,デシケーター中で行うことが望ましく,廃棄も溶媒や不純物などを吸着した状態で廃棄せず,所属機関の廃棄方法に従う.

④ イオン交換樹脂(イオン交換,イオン排除): ポリ(スチレン-ジビニルベンゼン)系あるいはアクリル系樹脂,デキストランやセルロース,またはシリカゲルなどを基材としてイオン交換性官能基を導入したものが市販されている(表12.2).イオン性官能基と試料とのイオン交換あるいはイオン排除モードにより分離が達成される.水中でイオン化する物質の分離に多く用いられる.

市販されているイオン交換樹脂には製造時に混入する不純物が含まれている場合があり,それらを取り除く操作(コンディショニング)が必要である.具体的にはこれらの樹脂をカラムに充填した後,酸あるいはアルカリ水溶液,アルコールやアセトンなどを交互に流す.コンディショニング時における移動相の急激な

表 12.2 イオン交換樹脂の分類[4,5]

イオン交換樹脂		交換基	有効pH領域
陽イオン交換樹脂	強酸性樹脂	スルホン基 (SO_3^-)	0〜14
	弱酸性樹脂	カルボキシル基 ($-COO^-$)	6〜14
陰イオン交換樹脂	強塩基性樹脂	第4級アンモニウム基 ($-N^+R_3$)	0〜14
	弱塩基性樹脂	第1,2,3級アンモニウム基 ($-N^+H_2, -N^+HR, -N^+R_2$)	0〜7

12.1 カラムクロマトグラフィー用充填剤（保持力調整法）

pHおよび極性変化は塩の析出，中和熱の発生あるいは樹脂の急激な膨潤および収縮などを引き起こし，樹脂にとって好ましくない．このような場合には例えば脱イオン蒸留水を間に流すことによってこれらの変化を緩和する．また，イオン交換樹脂は使用している間に移動相中のイオンとイオン交換反応を起こすため，元のイオン形に戻す操作（再生）が必要となる．再生操作は基本的にコンディショニングと同じであり，最後にもとのイオン形にするような溶液を流すことによって行う．

また，市販されているイオン交換樹脂の粒度分布はかなりの幅があるので，そのまま充填するとカラム内の試料の拡散やカラムの目詰まりなどを起こすことがある．このような問題を避けるにはまずデカンテーションにより表示サイズより小さい粒子を取り除き，次に網目サイズの異なる2種類のふるいにかけて小さな目のふるい上に残ったものを用いるなどの前処理を行う．

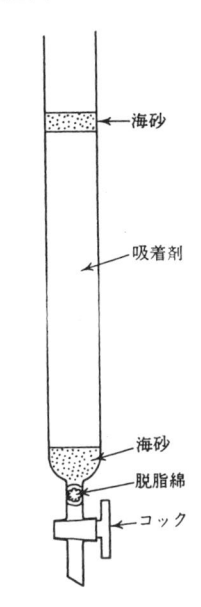

図12.1 オープンクロマトグラフィーの充填例[1]

ポリマー系のイオン交換樹脂は乾燥と湿潤を繰り返すと樹脂の特性が変化するので，通常は湿った状態で保管する．樹脂上のイオン性官能基は一般に中性の状態で保存するのが官能基や基材にとって望ましく，強酸性樹脂の場合にはNa^+型，強塩基性樹脂の場合にはCl^-型の状態で保管する．官能基と基材の組合せによって保管方法が異なる場合があるので，製品のカタログなどで保管方法を確認しておくのが肝要である．

その他，セルロースやけいそう土も核酸関連物質などの親水性極性物質の分離に用いられる．

カラムへの充填法として一例を以下に示す．

① 十分な量の展開溶媒に充填剤を懸濁させ，スラリーを調製する．そのまま減圧または超音波照射などにより脱気する．充填剤によっては溶解熱を発生するものがあるのでしばらく放置する．

② 下部にコックのついたクロマトグラフ管（図12.1）を垂直に立て，最初

に使用する移動相をカラムの1/2ほど満たした後,コック上方のくびれた部分に脱脂綿少量を気泡が入らないように充填剤が流れ出ない程度にゆるく詰める.

③ 脱脂綿の上部に市販の海砂(20〜50メッシュ程度)をカラム径が均一の太さになる高さまで加え,振動を与えて上部を平らにしておく.

④ カラムを振動させ,コックを開けて溶媒を少しずつ流下させながら①のスラリーをカラム内に静かにゆっくり注ぎ,充填剤を海砂あるいはフィルターの上部に均一に詰めていく.

⑤ 最後に充填剤上部に海砂を5mm程度詰め,振動を与えて上部を平らにしておく.

あらかじめガラスフィルターのついたクロマトグラフ管は②および③の操作は必要ない.

12.2 移動相と溶出力

カラムクロマトグラフィーにおいて,吸着・順相分配モードによる分離ではヘキサン,酢酸エチルなど充填剤に比べて弱い極性,逆相分配モードによる分離ではメタノール,アセトニトリルなど充填剤に比べて強い極性を有する溶媒を用いる.揮発しやすい溶媒の方が分離後に目的物質を単離しやすいが,ジエチルエーテルのように速やかに揮発する溶媒を単独で移動相に用いる場合は,カラムへの移動相の補給が遅れると充填した充填剤内に気泡が入り込みやすく,成分ゾーンの拡散につながるので注意が必要である.また,溶媒の粘度が高くてもカラム内における移動速度が遅くなり,成分の拡散につながる.

吸着・順相分配モードで使用する溶媒については水分含有量が分離特性に影響する場合がある.有機溶媒の移動相としての溶出力を示す指標としてSnyderの溶媒強度パラメーター(ε^0)がある(表12.3).吸着・順相分配モードのときはε^0が小さいほど,逆相分配モードのときはε^0が大きいほど溶離力は大きい.しかしながら,実際には複数の分離モードが混在して分離が達成されるため,試料によっては必ずしもこの傾向に当てはまらない場合がある.したがって,あらかじめ薄層クロマトグラフィー(TLC)により分離条件を検討しておくのもよい.吸着・順相分配モードで分離する場合,ε^0が小さいヘキサンとジエチルエーテル,ジクロロメタンあるいは酢酸エチルなど比較的溶出力がある溶媒と組み合わせる

表12.3 クロマトグラフィー用移動相として利用される有機溶媒[8]

溶 媒	溶媒強度パラメーター ε^0	粘度（22 ℃） η/mPa s
ヘプタン	0.01	0.40
ヘキサン	0.01	0.31
ジエチルエーテル	0.38	0.24
ジクロロメタン	0.42	0.43
テトラヒドロフラン	0.45	0.47
1,4-ジオキサン	0.56	1.21
アセトン	0.56	0.32
酢酸エチル	0.58	0.44
アセトニトリル	0.65	0.39
2-プロパノール	0.82	2.27
エタノール	0.88	1.14
メタノール	0.95	0.52

と溶出後の目的成分の回収にも都合がよい．

イオン交換モードで分離する場合，移動相には電解質を溶解した水溶液を用いることが多い．移動相調製に用いる電解質の種類および濃度，あるいは移動相のpHは分離特性に影響を及ぼす．固定相のイオン性官能基は試料イオンと移動相中のイオンとが競合的に相互作用を行うため，固定相のイオン性官能基との親和性の強いイオンを移動相に含有させるほど試料の溶出は早くなる．例えば，陽イオン交換樹脂を用いた場合，移動相中の電解質由来の陽イオンと樹脂のイオン性官能基との親和力の強さは以下の序列となる．

$Ba^{2+} < Ca^{2+} < Cu^{2+} < Zn^{2+} < Mg^{2+} < K^+ < NH_4^+ < Na^+ < H^+ < Li^+$

したがって，右方のイオンを含む電解質を用いるほど試料の保持力は大きくなる傾向にある．陰イオン交換樹脂を用いた場合，移動相中の陰イオンは

クエン酸イオン＜硫酸イオン＜シュウ酸イオン＜硝酸イオン＜臭化物イオン＜チオシアン酸イオン＜塩化物イオン＜酢酸イオン＜水酸化物イオン＜フッ化物イオン

の順で樹脂のイオン性官能基との親和力が強くなる．電解質濃度を小さくすると樹脂のイオン性官能基と試料イオンとの親和力は増加するため，試料の保持は大きくなる．また，有機溶媒の添加は保持を大きくする働きがある．

イオン排除モードの場合，通常は充填剤としてH^+型の強酸性陽イオン交換樹脂が，移動相として水あるいは水-強酸混液が各々用いられる．陽イオン交換樹

脂近傍に存在する水素イオン濃度は樹脂のイオン交換容量に比べて非常に高くかつ完全に解離しているため，擬似的な荷電膜が存在していると考えられる．試料として陰イオンを用いた場合には，完全解離する試料ほど膜との反発が大きくなり，保持は小さくなる．水と混合する酸の種類および濃度は主に試料の解離度に影響を及ぼし，保持を変化させる．

　移動相に使用する有機溶媒は人体に有害であり，そのほとんどは引火性が高い．したがって，換気のよい場所で取り扱い，火気に十分注意する．また，これらの有機溶媒は気密容器に入れ，換気のよい冷暗所に保存する．さらに，酢酸エチル，アセトニトリル，メタノール，塩酸，あるいは水酸化ナトリウムなどは毒物および劇物取締法の劇物に指定されており，盗難，紛失を防ぐため，必要な措置を講じておかなければならない，飲食物用として通常使用される容器を使用してはならない，また，貯蔵する場所に「医薬用外劇物」の文字を表示しなければならないなど，取扱いおよび保管方法が法律で定められている．ジクロロメタンも水質汚濁防止法の有害物質に指定されており，排水基準が厳しく定められているので廃棄方法には留意する．

12.3　HPLC 充填カラム一覧

　高速液体クロマトグラフィー（HPLC）用カラムに使用される充填剤は，その粒径が小さくかつ粒度分布が比較的小さいことを除けばカラムクロマトグラフィー用充填剤と基本的には同じである．しかし，多くの分析対象成分に対応することを目的として様々な官能基を用いて修飾した各種充填剤が市販されている．

　担体の種類としては機械的強度にすぐれ，有機溶媒の使用が可能なシリカゲル，広い pH 範囲での使用が可能な有機ポリマーに大別されるが，カーボンあるいはヒドロキシアパタイトなども市販されている．最近ではポリマー被覆したシリカゲルも市販されており，これはシリカゲルとポリマーの利点をもち合わせている．修飾されている官能基の種類と適用可能な化合物の一覧を表 12.4 に示した．

　オクタデシル基（C_{18}）を結合した充填剤（例えば ODS）が最も一般的で，国内外のメーカーから数多くの製品が販売されている．各社とも分離例を数多く公開しており，カタログやインターネットなどから容易に入手することができる．担体としてシリカゲルを用いた充填剤は共存する表面シラノール基が水素結合部

12.3 HPLC 充填カラム一覧

表 12.4 市販されている充填カラムの種類と分離対象成分の例

充填剤に修飾されている官能基	主な分離モード[a]	分離対象成分									
		有機酸	アミノ酸	芳香族炭化水素	糖類	核酸	ペプチド,タンパク質	水溶性ビタミン	脂溶性ビタミン	ステロイド	無機,金属イオン
オクタデシル(ODS)	RP	○	○	○	○	○	○	○	○	○	
オクチル	RP	○		○			○		○		
ブチル	RP						○				
ジオール	NP, RP				○		○				
シアノ	NP, RP							○	○		
アミノ	NP, RP, IEC				○			○	○		
フェニル	RP			○							
第2,3級アンモニウム	IEC	○			○	○					
第4級アンモニウム	IEC	○			○	○					
カルボキシル	IEC	○									○
スルホン	IEC	○	○		○						○

a) NP：順相, RP：逆相, IEC：イオン交換, イオン排除

位として働く．したがって，同じODSでも結合しているC_{18}の量，結合形態，シラノール基の処理方法などによって分離挙動が異なる場合があるので注意が必要である．

ODSを使用したときに保持が強すぎる場合，あるいは使用する移動相の有機溶媒比を小さくした場合などにはオクチル基（C_8）あるいはブチル基（C_4）などアルキル鎖が比較的短い充填剤を用いるとよい．フェニル基を結合した充填剤は芳香環化合物に対して独特な分離挙動を示す．ODSでは分離しにくいこれらの試料に対して有効となる場合があるので，分離例などを参考にするとよい．ジオール基，シアノ基あるいはアミノ基を結合した充填剤は順相あるいは逆相系移動相で用いられる．シアノ基結合充填剤は逆相分配モードではフェニル基結合充填剤と類似の分離挙動を示すことが多い．

通常のHPLC充填カラムではその両側にステンレス細管を接続するためのジョイントがあるが，ねじのピッチがインチとミリのものがあるので購入時には注意が必要である．国内では最近，ウォーターズオシネ型（Wタイプ）が主流となっている．

12.4 HPLC 移動相用溶媒と選択法

　水を含め，様々な種類の溶媒が HPLC の移動相用として市販されている．実際の HPLC ではこの専用溶媒を使用するのが無難である．水に関しては，イオン交換樹脂を通過させて脱イオンした蒸留水も使用できる場合が多い．HPLC 移動相用溶媒は，その多くが低波長領域での吸光光度法による試料成分の検出が可能になるように不純物や安定化剤などを除去してある．したがって，酸化しやすいテトラヒドロフラン，ジエチルエーテル，ジオキサンなどは開封後なるべく早く使用した方がよい．水もガラス容器に保存しておくと容器からイオンの溶出があるので注意が必要である．

　移動相の選択法については，あらかじめ検討したカラムクロマトグラフィーや TLC などでの移動相条件，あるいはメーカーの分離例を参考に移動相条件を仮設定し，実際の HPLC による検討で溶媒の組成比を微調整していく．分離しようとする試料が移動相に溶解するのが大前提であるが，あまり容易に溶解する場合は充填剤に保持しないで早く溶出してしまうことが多い．

　吸着・順相分配モードで分離する場合，ヘキサンやヘプタンなど ε^0 が小さい溶媒と酢酸エチル，ジクロロメタン，ジオキサンあるいはテトラヒドロフランなど比較的溶出力がある溶媒とを組み合わせるとよい．シリカゲルあるいはシリカゲルに官能基を修飾した充填剤を用いる場合には，2-プロパノール，エタノールなどのアルコールを数％添加すると溶出力の増加とともにピーク形状の改善がみられる．しかし，これらのアルコールは ε^0 が小さい溶媒と混和性が低く，またわずかな添加濃度の違いで溶出時間が大きく変化することがあるので注意が必要である．また，これらのモードで使用する移動相は揮発性の高いものが多く，脱気処理や長時間の放置でその組成比が変化する場合がある．したがって脱気操作を最小限にとどめるか，窒素やヘリウムを最小量通気するにとどめ，調製後の移動相は長期保存してはならない．また，これらの移動相は送液時に発生する静電気により引火する危険性があるので，HPLC 試験時に移動相貯槽を密封しないなどの配慮が必要である．

　逆相分配モードでは，アセトニトリルあるいはメタノールなどの有機溶媒と水との混合液を移動相として使用する場合が多い．酸性あるいは塩基性物質の分離に際しては，試料のイオンへの解離がピーク形状の悪化につながる場合がある．

解離を抑制するには，酸性物質の場合には移動相に酢酸やリン酸あるいはトリフルオロ酢酸などの酸を添加する，あるいは水の代わりに酢酸やリン酸緩衝水溶液などを使用するなどの方法がある．塩基性物質の場合にも塩基性の緩衝水溶液を使用することで解離を抑制できる．しかしながら，シリカゲルを担体とした充填剤は一般的に耐アルカリ性に乏しいので使用可能な pH 範囲をあらかじめカタログなどで確認し，この pH 範囲内の移動相を使用する．また，ややイオン化しやすい化合物とイオン対を形成できる試薬（イオン対試薬）をあらかじめ移動相中に添加しておくと試料とのイオン対が形成され，中性化合物の分離と同様に扱うことが可能となる．酸性物質に対してはアルキルスルホン酸ナトリウム，塩基性物質に対してはアルキルアミンおよびその塩酸塩などがイオン対試薬として市販されている．

12.5 SECと分子量標準物質

サイズ排除クロマトグラフィー（SEC）は，充填剤であるゲルの細孔サイズと試料分子の大きさ（分子量）との関係によって分離が達成されるクロマトグラフィーである．すなわち，分子サイズの小さい試料（多くの場合，分子量の小さい試料）ほど充填剤であるゲルの細孔に入り込みやすくなるため，溶出時間が長くなる．この現象を利用して，SEC は各種合成，天然，あるいは生体高分子の分子量測定に広く用いられている．SEC を用いた分子量測定においては，試料にサイズ排除効果以外の保持をさせないような充填剤および移動相の選択が必要である．移動相には，試料の溶解性がなるべく高い溶媒を選択する．脂溶性高分子を試料とした場合，テトラヒドロフランやジメチルホルムアミドなどの有機溶媒を移動相として使用することが多い．これらの溶媒に難溶性の高分子ではヘキサフルオロイソプロパノールが用いられることもある．このとき，充填剤にはポリ（スチレン-ジビニルベンゼン）系担体や低極性の共重合担体が用いられる．

水溶性高分子の分子量測定には移動相として水や緩衝水溶液，充填剤としてシリカゲルやデキストラン，あるいは親水性の共重合担体を用いる．なお，SEC では移動相の変更により充填剤が膨潤あるいは収縮し，充填剤の細孔サイズが変化することがある．試料溶液中や SEC 分析中における試料の凝集や分解も分離特性を変化させる要因となる．試料溶液を調製するときに用いる溶媒は移動相と

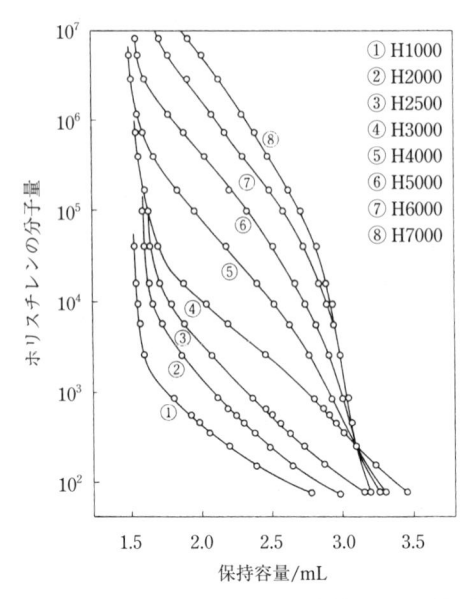

図 12.2 スチレン-ジビニルベンゼン充填カラムの校正曲線[10]
カラム：TSK-GEL Super H シリーズ（カラム内径 6 mm, 長さ 150 mm），
移動相：テトラヒドロフラン，試料：ポリスチレン

同じ溶媒を用いることが望ましい．また，超音波照射により試料を溶解することがしばしば行われるが，試料として用いた高分子の分子鎖が切断されることがあるので注意する．

　SEC によって試料の分子量測定をする際，通常あらかじめ分子量既知の試料（分子量標準物質）を使って保持時間を測定し，分子量の対数値と溶出時間（あるいは保持容量）との関係を求めておく（校正曲線の作成．図 12.2）．ある分子量以上の試料では充填剤の細孔に入り込めなくなり，ほぼ同じ時間で溶出するようになる．この分離が行える最大の分子量のことを排除限界分子量と呼ぶ．したがって，測定対象試料の分子量は実際に使用するカラムの排除限界分子量以下でなければならない．

　図 12.2 のように，様々な分子量に対応した SEC 用カラムが市販されている．分子量標準物質としては，有機溶媒系 SEC 用としてポリスチレン，ポリメチルメタクリレート，水系 SEC 用としてポリエチレングリコール，ポリエチレンオキシドなどが市販されている．なお，校正は測定対象試料と同じ種類の分子量標

準物質を使って行うのが理想的であるが，入手できない場合には市販されている分子量標準物質の中からなるべく構造の類似しているものを選び，利用する．試料と類似する分子量標準物質を用いて求めた分子量は，あくまでその標準物質による換算値であることに注意する．正確な分子量を知るためには，分取して他の分析法により調べる必要がある．

文　献

1) 日本化学会編, 実験化学講座1　基本操作Ⅰ（第4版），p.293, 丸善（1990）．
2) 後藤俊夫，芝　哲夫，松浦輝男監修，有機化学実験のてびき1　物質取扱法と分離精製法, p.91, 化学同人（1988）．
3) 松岡史郎，吉村和久，"イオン交換"，ぶんせき，**11**, 888（1997）．
4) 日本化学会編, 分離精製技術ハンドブック，p.828, 丸善（1993）．
5) 長浜邦雄監修，高純度化技術大系2　分離技術，p.511, フジ・テクノシステム（1997）．
6) 日本分析化学会編，機器分析実技シリーズ　高速液体クロマトグラフ法，p.27, 共立出版（1988）．
7) 日本分析化学会編，機器分析実技シリーズ　イオンクロマトグラフィー，p.91, 共立出版（1988）．
8) クロマトグラフィー総合カタログ，p.225, 関東化学（1999）．
9) 伊藤久昭，"イオンクロマトグラフィー"，ぶんせき，**4**, 260（1995）．
10) 森山弘之，"サイズ排除クロマトグラフィー"，ぶんせき，**5**, 372（1999）．

13. 計算化学

　分子の電子状態や平衡構造などを，古典力学や量子力学などの理解に基づいて計算し，化学研究に役立てる手法を研究する学問を計算化学（computational chemistry）という．計算化学の主要な研究分野は，分子力学法（molecular mechanics，MM法），分子動力学法（molecular dynamics，MD法），分子軌道法（molecular orbital，MO法）に分類される．本章では，これらのうち，最もポピュラーな手法として定着しつつあるMO法について簡単な解説を試みる．

13.1 分子軌道法の分類

　分子の電子状態を求めるSchrödingerの波動方程式は，次のように書き表せる．

$$\left[-\frac{h^2}{8\pi^2 m}\sum_{i=1}^{n}\left(\frac{\partial^2}{\partial x_i^2}+\frac{\partial^2}{\partial y_i^2}+\frac{\partial^2}{\partial z_i^2}\right)-\sum_{i=1}^{n}\sum_{a=1}^{N}\frac{Z_a e^2}{r_{ia}}+\sum_{i=1}^{n}\sum_{j>i}^{n}\frac{e^2}{r_{ij}}\right]\Psi = E\Psi \quad (13.1)$$

ただし，hはプランク定数，mは電子の質量，nは電子の数，(x_i, y_i, z_i)はi番目の電子の座標，Nは考慮している原子軌道の数，r_{ia}はi番目の電子とa番目の原子の距離，$Z_a e$はa番目の原子の原子核の電荷，$-e$は電子の電荷，r_{ij}はi番目の電子とj番目の電子の距離である．Ψは分子中の電子の全波動関数，Eはそのエネルギーを表している．

　式(13.1)において，電子間の相互作用は[ ]内の第3項として表されているが，この項をn個の電子のそれぞれに数学的に振り分けることはできない．例えば，$n=4$の4電子系でこの項を書き下ろすと，

13.1 分子軌道法の分類

$$\sum_{i=1}^{4}\sum_{j>i}^{4}\frac{e^2}{r_{ij}} = \frac{e^2}{r_{12}} + \frac{e^2}{r_{13}} + \frac{e^2}{r_{14}} + \frac{e^2}{r_{23}} + \frac{e^2}{r_{24}} + \frac{e^2}{r_{34}} \qquad (13.2)$$

となるが，これらの相互作用を4個の電子のそれぞれの座標で決まる4つの項に分割することは不可能である．このため，多電子系の式 (13.1) は解析的には解けない．そこで，種々の近似解法が工夫されている．分子軌道法は，このような近似解法の1つで，近似のレベルにより種々の方法が知られている．

経験的分子軌道法と呼ばれる方法では，式 (13.2) などで表される項を無視する（または，平均的な値に振り分けられたと仮に考える）近似を採用する．このように，電子間相互作用項を数式の上であらわには考慮しないと仮定すると，式 (13.1) の [ ] 内（これを，ハミルトニアンといい，H で表す）は，

$$H \doteq \sum_{i=1}^{n}\left[-\frac{h^2}{8\pi^2 m}\left(\frac{\partial^2}{\partial x_i^2}+\frac{\partial^2}{\partial y_i^2}+\frac{\partial^2}{\partial z_i^2}\right)-\sum_{a=1}^{N}\frac{Z_a e^2}{r_{ia}}\right] = \sum_{i}^{n} h_i \qquad (13.3)$$

と書き換えられることになり，1つの電子の座標 (x_i, y_i, z_i) だけで決まるハミルトニアン h_i の和で書き表すことが可能となる．このときは，n 個の電子の座標で決まる波動関数 Ψ は，1つの電子の座標で決まる波動関数 ϕ (すなわち，分子軌道) の積で表され，式 (13.1) を解くことは，下式 (13.4) を解くことと同じになる．

$$h_\mu \phi_\mu = \varepsilon_\mu \phi_\mu \qquad (13.4)$$

上式における h_μ を，例えば，1次元の箱の中のポテンシャル変化のない場に存在する電子を仮定して取り扱う方法が，自由電子模型 (free electron model, FEM) の近似である．この方法は，対称シアニン類，オキソノール類，ポリエニル陽イオン類などの π 電子系において有用な近似法である[1,2]．

式 (13.4) における分子軌道 ϕ_μ を，下式 (13.5) のように，N 個の原子軌道 χ_1, χ_2, $\cdots$, χ_N の線形一次結合で近似して取り扱う方法を，LCAO (linear combination of atomic orbitals) 近似という．

$$\phi_\mu = \sum_{a=1}^{N} c_{a\mu} \chi_a \qquad (13.5)$$

ヒュッケル分子軌道法 (HMO法) は，式 (13.5) の近似のもとに式 (13.4) を変分法と呼ばれる数学的手法を用いて解く方法で，分子中の π 電子のみに注目した計算に用いられる (σ 電子のみの HMO 法もある)．これらの近似のもとで

は，分子軌道 ϕ_μ とそのエネルギー ε_μ は，結局，次の永年方程式 (13.6) を解くことにより求められる．

$$\sum_{a=1}^{N}(H_{ra}-\varepsilon_\mu S_{ra})c_{a\mu}=0 \quad (\mu, r=1, 2, \cdots, N) \tag{13.6}$$

上式において，H_{ra} はパラメーターとして扱われ，α, β などの記号で表した相対値が実験値をもとにして割り当てられる．S_{ra} は重なり積分で，HMO 法では r と a が異なるときは 0 とする（重なり無視の近似）．HMO 法とほとんど同じ前提のもとで σ, π 両方の電子を取り扱う方法が EHMO 法 (extended HMO，拡張ヒュッケル法) である．EHMO 法では $H_{ra}(r \neq a)$ の値を重なり積分 S_{ra} の計算値やイオン化ポテンシャルの実測値などを用いて定める．

半経験的または非経験的分子軌道法と呼ばれる方法では，式 (13.1) の [ ] 内のハミルトニアンをなるべく変えずに計算する立場をとる．電子間の相互作用はスピンも含めて考慮する．閉殻系（分子軌道 ϕ_μ のうちのいくつかに電子が 2 個ずつ入った系）について変分法を適用すると，結局，次の永年方程式 (13.7) を解けばよいことが求められる．

$$\sum_{a=1}^{N}(F_{ra}-\varepsilon_\mu S_{ra})c_{a\mu}=0 \quad (\mu, r=1, 2, \cdots, N) \tag{13.7}$$

上式において，F_{ra} はフォック (Fock) の行列要素と呼ばれる．式 (13.6) における H_{ra} との主な相異は，F_{ra} の数式の中に，式 (13.7) を解いて初めて得られる分子軌道の係数の組 $c_{a\mu}$ が含まれていることである．このジレンマは，SCF 法 (self-consistent field 法，つじつまの合う場の方法) と呼ばれる繰り返し計算の手法を用いて解消することができる．F_{ra} は H_{ra} と異なり，電子間反発項を含むので，これらの方法では，一重項励起配置と三重項励起配置のエネルギー差を計算することができる．

半経験的分子軌道法では，式 (13.7) に含まれる種々の積分の一部に実験値を用いて計算の簡略化を図っている．積分の値の見積もり方により，多くの近似法に分けられるが，それらの特徴については次節で述べる．非経験的分子軌道法では，上記の積分の値をすべて計算で求める．しかし，式 (13.5) における LCAO 近似のもとになる原子軌道 χ_a として真の形に近い数式を用いると，この積分の計算が複雑になりすぎて結果が得にくくなる．そこで，種々の形の基底関数を組み合わせて用いる方式を採用する．したがって，非経験的方法で近似のレベルを

13.2 分子軌道法関連ソフトウェア

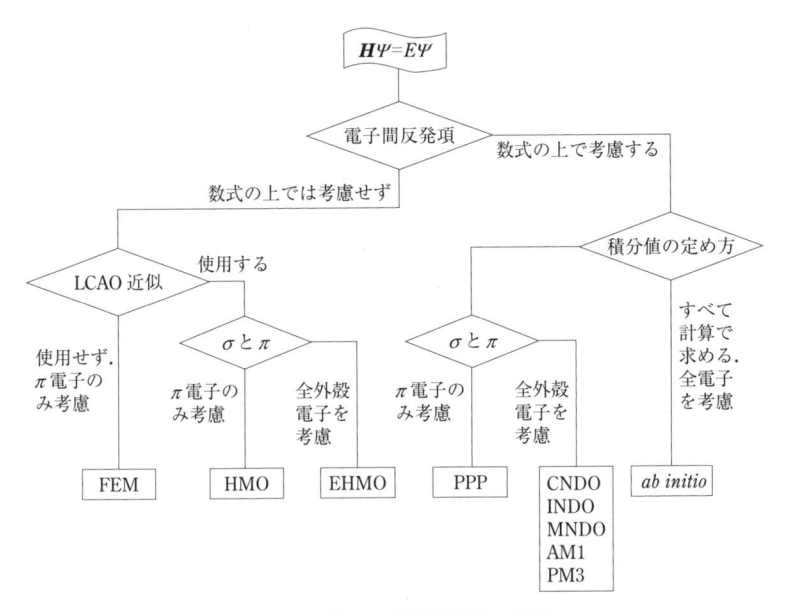

```
                    HΨ=EΨ
                      │
                  電子間反発項
            ┌─────────┴─────────┐
       数式の上では考慮せず      数式の上で考慮する
            │                      │
        LCAO近似                積分値の定め方
      ┌─────┴─────┐         ┌──────┴──────┐
   使用せず.    使用する      σとπ         すべて
   π電子の       │          ┌──┴──┐       計算で
   み考慮       σとπ     π電子の 全外殻     求める.
      │       ┌──┴──┐   み考慮  電子を    全電子
      │    π電子の 全外殻          考慮     を考慮
      │     み考慮  電子を
      │            考慮
     FEM    HMO   EHMO    PPP    CNDO    ab initio
                                 INDO
                                 MNDO
                                 AM1
                                 PM3
```

図 13.1 種々の分子軌道法の分類

向上させると，正確な物理量が求められる反面，いわゆる軌道の概念は次第に不明確となってしまう．

以上をまとめると，種々の MO 法の相互関係は図 13.1 のようになる．

種々の MO 法の特徴と適用範囲については，他の成書[3〜5]も参考にしていただきたい．

13.2 分子軌道法関連ソフトウェア

計算化学に関連するソフトウェアについては，化学工業日報社などが定期的に調査し，とりまとめている[6]．しかし，この種の調査ですべてを網羅することは不可能である．ここでは，ユーザーの視点からパソコンベースで比較的よく使われていると思われるもの数点に絞って紹介したい．

FEM 法は手計算ないしは電卓での計算が可能である[1]が，プログラムを用いて計算する例も知られている[2]．

HMO 法はすべての分子軌道法の基礎として重要であるとされ，古くからプロ

グラム開発が行われている．1980年代になってマイコン（現在のパソコンの前身）が普及し始めると，種々のソフトウェアが発表された[2,7]．しかし，これらはマイコン時代のOS（オペレーティングシステム）に依存するものが多く，計算機言語もBASICが多いために現在のパソコンのOS（Windowsなど）に対応しえないものが大部分である．大阪芸術大学の牧は，最近，Windows対応のHMOならびにPPPプログラムを発表した[8]．

EHMO法プログラムについてもほぼ同様の傾向がある[2,7]が，この分野では，FORTRAN言語で記述されたものが大部分であるため，現在でもわずかな修正で利用できるものも多い[3]．

半経験的および非経験的MO法に関連するソフトウェアの例を表13.1にまとめた．

PPP法（Pariser-Parr-Pople法）は，π系の電子状態を半経験的に取り扱うMO法で，平面分子の電子吸収スペクトルの計算に最も適した方法である[3]．筆者らは，1989年，この種のMO計算をパソコン上で容易に実現するプログラムPPP-PCを発表した[9]．西本は1993年，PPP法で用いる二中心電子反発積分の新しい見積もり方を発表した[10]．現在，この新方式を採り入れて，PPP-PCを全面的に書き換える作業が進められており，その概要は次節で述べる．

半経験的分子軌道法のうち，世界中で最もよく用いられているものは，Stewartらが開発したMOPACと呼ばれるソフトウェアである．MOPACは複数

表13.1 半経験ならびに非経験的MO法[a]

No.	ソフトウェア名	計算対象	OS[b]	およその価格	連絡先
1	PPP-PC	PPP法	Win	β版を共同研究者に配布中	時田澄男[c]
2	WinMOPAC V3.0	MOPAC 2000, MOS-F V4	Win	0.98～10万円	富士通(株)
3	HyperChem	MM, MD, MO（半経験と非経験）	Win	20万円～	(株)ケイ・ジー・ティー
4	SPARTAN	半経験的MO, 非経験的MO	Mac, Win	9.9万円～	(株)CRCソリューションズ
5	CAChe	MM, MD, MO（半経験）	Mac, Win	20万円～	富士通(株)
6	GAUSSIAN 98W	非経験的MO法	Win	11～300万円	(株)菱化システム

a) 2001年9月現在．スペックや価格は随時訂正されている．b) WinはWindows，MacはMacintoshを示す．c) http://www.apc.saitama-u.ac.jp/~ygosei/tokita.html

のMOプログラムのパッケージで，中でも，AM1（Austin model 1）とPM3（parametric method 3）が多用されている．最も汎用性の高いのはAM1ということである．WinMOPACは，このStewartのプログラムをパソコン上で動作させるもので，HyperChem，SPARTAN，CACheなどにも類似のソフトウェアが含まれている．半経験的MO法では，初期にCNDO法（complete neglect of differential overlap法）ならびにINDO法（intermediate NDO法）が開発されたが，現在ではほとんど使われていない．しかし，σ電子とπ電子を含む電子吸収スペクトルの計算では，これらの改良版であるCNDO/S法とINDO/S法がよく用いられている．WinMOPACではこの両者が，HyperChemとCACheにはINDO/S法が含まれている．取り扱える原子種については各MO法ごとに異なっており，同じ名称のMO法でもソフトウェアごとに異なる場合もあるので注意が必要である．Hyper ChemとCACheでは，分子力学法（MM法）と分子動力学法（MD法）も含まれている．

非経験的方法（*ab initio*法）として最も定評のあるものは，米国GAUSSIAN社のGAUSSIAN98である．従来，この種の大型プログラムはワークステーション上で計算して初めて実用的な結果を与えることが多かった．しかし，最近は，パソコンの進歩により，パソコン上の方がむしろ安価に計算が可能という状況になっている．HyperChemとSPARTANには類似の*ab initio*法プログラムが含まれている．

計算化学関連のソフトウェアでは，計算を行わせるためのデータの作成が必要で，表13.1のNo. 1～5には，データ作成を支援するプログラムが含まれている．多くの場合，これらのデータ形式は簡単にNo. 6用のデータに変換可能である．また，No. 1～5には計算結果を可視化して理解を助けるソフトウェアも付属している．

表13.1の注にも記したが，この分野は日進月歩で目まぐるしく状況が変化する．この原稿を記している最中にも，ベストシステムズ社からMOPACやGAUSSIAN用の入力データ作成プログラムが発売された．今後，PPPやINDO/Sのプログラムも追加する予定とのことである．

現在では，ユーザーが随時新しい情報を入手して自分の目的に適したソフトウェアを選定して安価に利用しうる状況にある．その際，たとえば下記のホームページ等も有用である．http://molda.chem.sci.hiroshima-u.ac.jp/

13.3 PPP 分子軌道法プログラム (PPP-PC Ver. 2.0) の使い方

前節で述べた PPP 分子軌道法プログラム (PPP-PC) は，最近全面的に書き直され，PPP-PC Ver. 2.0 の名称で試験的に配布されている (表 13.1 の注[c] の方法で入手できる). ここでは，Version 2.0 についてその使用法を説明する.

PPP-PC Ver. 2.0 は，西本の新しいパラメーター[10] に基づき，筆者らによって開発された[11]. 計算機言語は C 言語で，野口らによってプログラミングされている. ハードウェアとしては，Windows 95, 98, 2000 または NT をオペレーションシステムとするパーソナルコンピューターを対象としている. RAM 容量はできれば 32 MB (メガバイト) 以上が望ましい.

PPP-PC Ver. 2.0 による計算の手続きを図 13.2 に示す. これらは，次の 4 段階からなる (図 13.2).

① 分子骨格の入力と置換基の導入.
② パラメーターの自動割付けと，データファイルの作成.
③ PPP 分子軌道法計算.
④ 計算結果の図示.

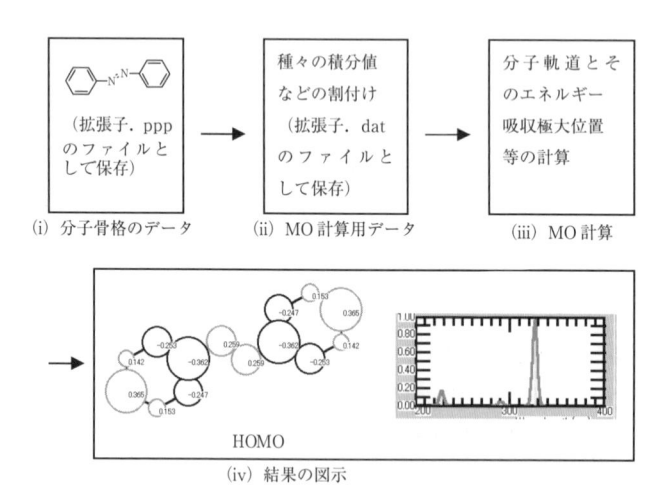

図 13.2 PPP-PC Ver. 2.0 における処理の流れ

13.3 PPP 分子軌道法プログラム（PPP–PC Ver. 2.0）の使い方　　　143

13.3.1 プログラムのインストール

インターネットなどで入手した PPP–PC Ver. 2.0 のプログラムは，PPPMO.exe というファイル名の圧縮ファイルとなっている．これを一旦適当なフォルダ（例えば，ppp という名称のフォルダ）にコピーする．次に，エクスプローラーなどを利用して，このフォルダ内の上記ファイルをダブルクリックする（マウスの左ボタンを続けて 2 回押す．以下，同じ）．この処理により，圧縮ファイルは自動的に解凍され，PPPMO という名称のフォルダが作成される．同時に，必要なプログラムやデータがこのフォルダ内に生成する（図 13.3 参照）．なお，本節の記述は適宜変更される場合があるので，以下に述べる使用法や詳細はこのフォルダ内にある ReadmePPP.txt を参照していただきたい．

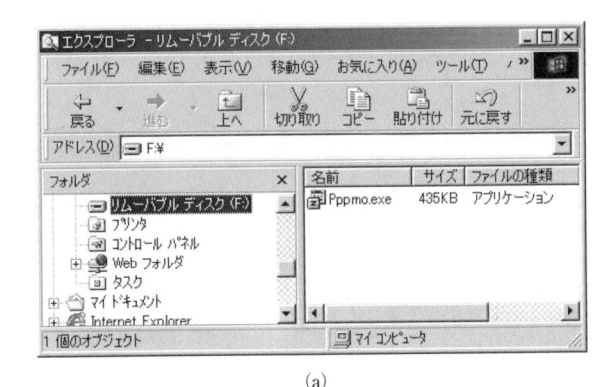

(a)

(b)

図 13.3　PPP–PC Ver.2.0 プログラムの保存例 (a) と，解凍後に生成するファイルの例 (b)

13.3.2 開始画面

前項の PPPMO フォルダ内にある PPPMO_2.exe ファイルをダブルクリックすると，図 13.4 (a) が表れる．Version 番号などをチェックし，次へ をクリックすると，図 13.4 (b) の画面となる．

13.3.3 分子骨格の入力

図 13.4 (b) の 5 個のメニューのうち，左から 2 番目の pppdata をクリックすると，図 13.5 (a) の画面となる．5 種の基本骨格（ポリエン，対称シアニン，ベ

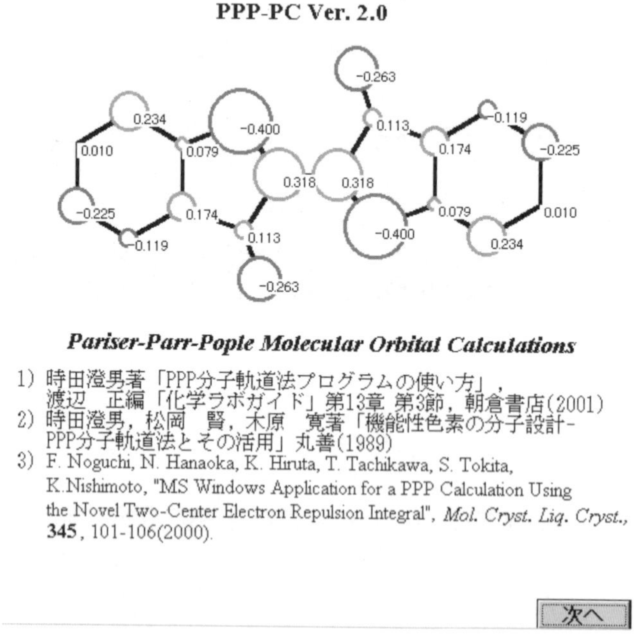

PPP-PC Ver. 2.0

Pariser-Parr-Pople Molecular Orbital Calculations

1) 時田澄男著「PPP分子軌道法プログラムの使い方」，
   渡辺　正編「化学ラボガイド」第13章 第3節，朝倉書店(2001)
2) 時田澄男，松岡　賢，木原　寛著「機能性色素の分子設計－
   PPP分子軌道法とその活用」丸善(1989)
3) F. Noguchi, N. Hanaoka, K. Hiruta, T. Tachikawa, S. Tokita,
   K.Nishimoto, "MS Windows Application for a PPP Calculation Using
   the Novel Two-Center Electron Repulsion Integral", *Mol. Cryst. Liq. Cryst.*,
   345, 101-106(2000).

(a)

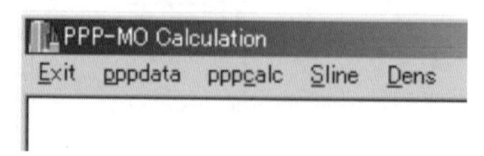

(b)

図 13.4　開始画面

13.3 PPP分子軌道法プログラム（PPP-PC Ver. 2.0）の使い方

(a)

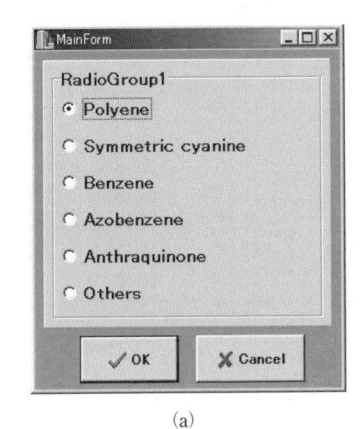

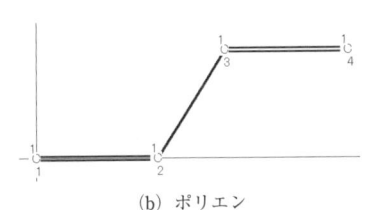

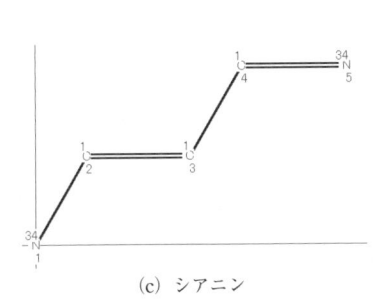

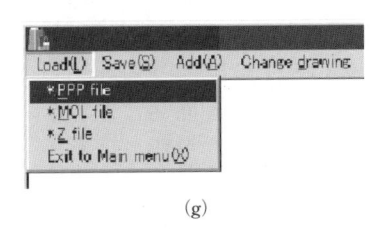

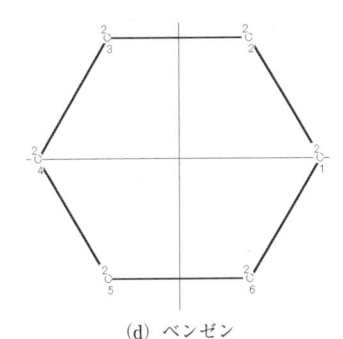

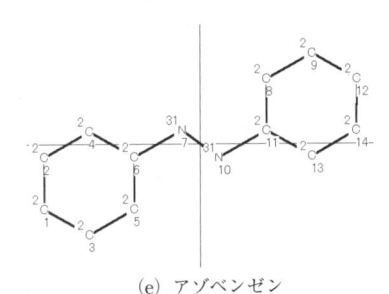

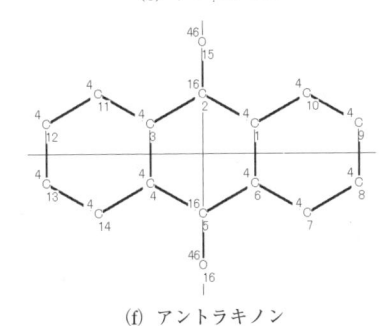

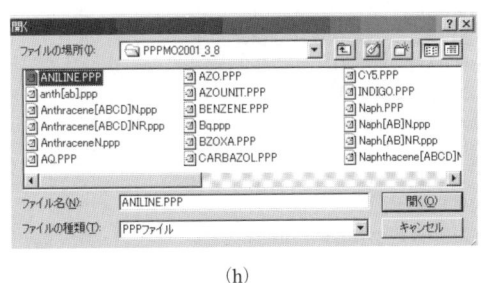

(b) ポリエン

(c) シアニン

(d) ベンゼン

(e) アゾベンゼン

(f) アントラキノン

(g)

(h)

図 13.5

表 13.2 PPP-PC 入力部で用いられる原子タイプ

No.	Type	Atom	AN	Z	IP	G	H_x
1	[1]	Polyene	6	1.0	11.16	11.13	0.00
2	[2]	Aromatic (1)	6	1.0	11.16	11.13	0.00
3	[3]	Aromatic (2)	6	1.0	11.16	11.13	0.00
4	[4]	Aromatic (3)	6	1.0	11.16	11.13	0.00
5	[5]	Aromatic (4)	6	1.0	11.16	11.13	0.00
6	[6]	Aromatic (5)	6	1.0	11.16	11.13	0.00
7	[8]	C-Cl	6	1.0	11.16	11.13	0.20
8	[11]	C-N (nitrile)	6	1.0	11.19	11.09	0.10
9	[12]	C-N (nitro)	6	1.1	12.40	11.68	0.10
10	[13]	C-N (amino)	6	1.0	11.16	11.13	0.10
11	[15]	C-N$^\oplus$ (ammonium)	6	1.0	11.16	11.13	0.10
12	[16]	C-O (carbonyl)	6	1.0	11.16	11.13	0.20
13	[17]	C-O$^\ominus$ (enolate)	6	1.0	11.16	11.13	0.60
14	[18]	C-O (hydroxyl)	6	1.0	11.16	11.13	0.70
15	[21]	N-H$_2$ (free)	7	2.0	26.70	17.44	0.40
16	[22]	N-H$_2$ (H-bond)	7	2.0	26.30	17.44	0.40
16	[23]	N-HMe (free)	7	2.0	25.50	17.44	1.00
17	[24]	N-HMe (H-bond)	7	2.0	25.10	17.44	1.00
19	[25]	N-Me$_2$	7	2.0	24.00	17.44	1.00
20	[26]	N-Et$_2$	7	2.0	23.00	17.44	1.00
21	[27]	N-R	7	2.0	21.50	17.44	1.00
22	[31]	N=(azo)	7	1.0	14.12	12.34	0.60
23	[32]	N$^\oplus$=	7	1.0	14.50	6.08	0.10
24	[33]	NO$_2$ (nitro)	7	1.0	20.40	14.89	0.00
25	[34]	N$^\oplus$= (cyanine)	7	1.0	24.00	17.44	1.00
26	[36]	N-C (nitrile)	7	1.0	14.18	10.68	1.00
27	[41]	O-H (free)	8	2.0	34.00	21.53	0.60
28	[42]	O-H (H-bond)	8	2.0	32.10	21.53	0.60
29	[43]	O-Me	8	2.0	33.80	21.53	0.60
30	[44]	O-R	8	2.0	32.90	21.53	0.50
31	[46]	O-C (carbonyl)	8	1.0	17.70	15.23	2.00
32	[47]	O$^\ominus$-C (enolate)	8	2.0	26.70	17.44	0.40
33	[48]	O=NO (nitro)	8	1.2	20.80	16.50	0.90
34	[51]	S-H	16	2.0	23.00	13.05	0.60
35	[52]	S-Me	16	2.0	22.40	13.05	0.00
36	[53]	S-	16	2.0	22.00	10.84	0.00
37	[56]	S=	16	1.0	12.50	9.80	0.90
38	[61]	Cl	17	2.0	23.30	10.80	1.80
39	[62]	F	9	2.0	30.00	21.00	2.10
40	[99]	Dummy Atom	0	0.0	0.00	0.00	0.00

PPP-PC Ver. 2.0 で用いられる原子タイプ（[ ] 内の数値で示す）と，対応する原子番号（AN），π系に供給する電子数（Z），イオン化ポテンシャル（IP），1中心電子反発積分（G），ならびにヒュッケル計算におけるクーロン積分 $\alpha + a\beta$ の係数 a の値（H_x）．

13.3 PPP分子軌道法プログラム (PPP-PC Ver. 2.0) の使い方

(a) atom type

Atom types Table 3.1

No.	Type	Atom	AN	Z	IP	G	Hx
1	[1]	Polyene	6	1.0	11.16	11.13	0.00
2	[2]	Aromatic(1)	6	1.0	11.16	11.13	0.00
3	[3]	Aromatic(2)	6	1.0	11.16	11.13	0.00
4	[4]	Aromatic(3)	6	1.0	11.16	11.13	0.00
5	[5]	Aromatic(4)	6	1.0	11.16	11.13	0.00
6	[6]	Aromatic(5)	6	1.0	11.16	11.13	0.00
7	[8]	C–Cl	6	1.0	11.16	11.13	0.20

(b) bond type

Bond types Table 3.2

No.	Bond Ty	Bxy	Kxy	BL	A0	A1	D0	D1
1	C–C(ole	-2.600	1.00	1.350	-2.040	-0.510	1.517	-0.180
2	C–C(1)	-2.390	1.00	1.400	-2.040	-0.510	1.517	-0.180
3	C–C(2)	-2.390	1.00	1.400	-1.900	-0.510	1.517	-0.180
4	C–C(3)	-2.390	1.00	1.400	-1.840	-0.510	1.517	-0.180
5	C–C(4)	-2.390	1.00	1.400	-1.820	-0.510	1.517	-0.180
6	C–C(5)	-2.390	1.00	1.400	-1.812	-0.510	1.517	-0.180
7	C–N(1)	-2.480	1.00	1.400	-2.240	-0.530	1.451	-0.180

図 13.6
AN：原子番号，Z：π系に供給している電子数 (n_r)，IP：イオン化ポテンシャル，G：一中心電子反発積分 γ_{rr}，H_x：HMO法におけるクーロン積分
B_{xy}：コア共鳴積分 β として一定値を用いるときの標準的な値，K_{xy}：HMO法における共鳴積分，BL：結合距離の標準的な値 (Å)，A_0, A_1 は $\beta_{rs}=A_0+A_1 \cdot P_{rs}$ で定義される variable β 法のパラメーター，D_0, D_1 は $R_{rs}=D_0+D_1 \cdot P_{rs}$ で定義される原子間距離 R_{rs} を算出するパラメーター

ンゼン，アゾベンゼン，アントラキノン) を基本として分子骨格を組み立てる場合は，これらのいずれかをクリックしてから OK をクリックする．それぞれ，図 13.5 (b)〜(f) の画面となる．このうち，(b) と (c) の場合には，結合長や結合角の指定ができる．他の場合は，結合距離は 1.39 Å，結合角は 120°に固定され

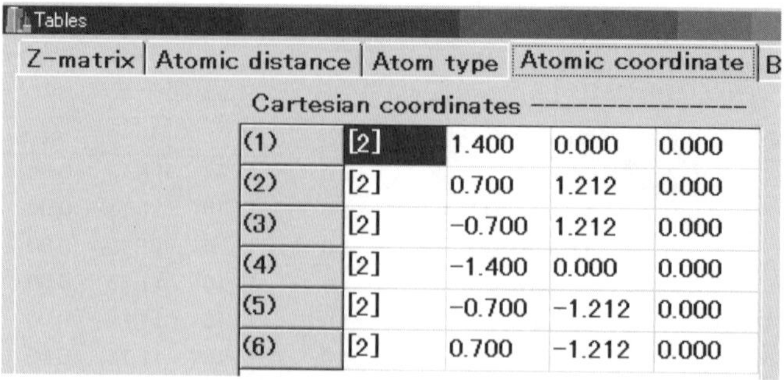

Tables

Z-matrix | Atomic distance | Atom type | Atomic coordinate | B

Cartesian coordinates ---------------

(1)	[2]	1.400	0.000	0.000
(2)	[2]	0.700	1.212	0.000
(3)	[2]	−0.700	1.212	0.000
(4)	[2]	−1.400	0.000	0.000
(5)	[2]	−0.700	−1.212	0.000
(6)	[2]	0.700	−1.212	0.000

(c) atomic coordinates（表の一部）

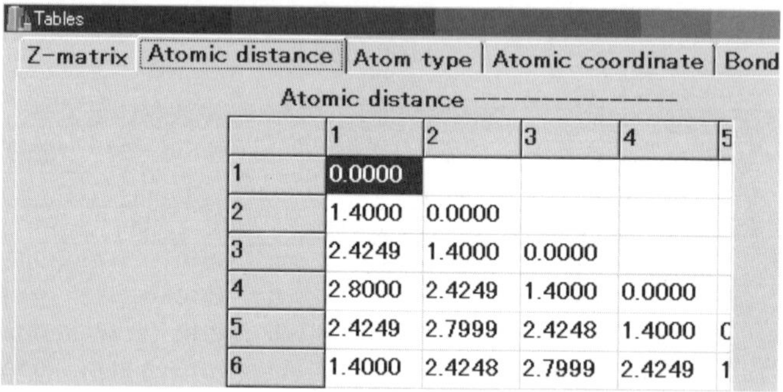

Tables

Z-matrix | Atomic distance | Atom type | Atomic coordinate | Bond

Atomic distance ---------------

	1	2	3	4	5
1	0.0000				
2	1.4000	0.0000			
3	2.4249	1.4000	0.0000		
4	2.8000	2.4249	1.4000	0.0000	
5	2.4249	2.7999	2.4248	1.4000	C
6	1.4000	2.4248	2.7999	2.4249	1

(d) atomic distance（表の一部）

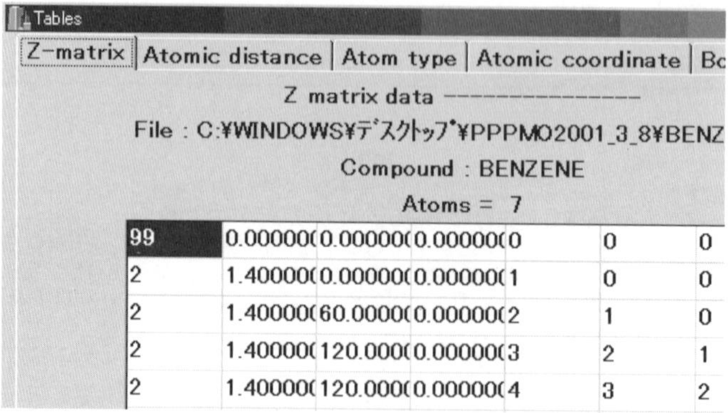

Tables

Z-matrix | Atomic distance | Atom type | Atomic coordinate | Bc

Z matrix data ---------------

File : C:¥WINDOWS¥ﾃﾞｽｸﾄｯﾌﾟ¥PPPMO2001_3_8¥BENZ

Compound : BENZENE

Atoms = 7

99	0.00000(	0.00000(	0.00000(	0	0	0
2	1.40000(	0.00000(	0.00000(	1	0	0
2	1.40000(	60.0000(	0.00000(	2	1	0
2	1.40000(	120.000(	0.00000(	3	2	1
2	1.40000(	120.000(	0.00000(	4	3	2

(e) matrix data（表の一部）

図 13.6（続）

ている．別に作成した分子骨格ファイルを入力したいときは最下段のその他 (others) の項をクリックし，続いて OK をクリックする．さらに Load メニューから＊.PPPファイルを選択（図13.5 (g)）すると図13.5 (h) の画面となる．

PPP分子軌道法計算では，同じ元素でも，そのまわりの元素の違いにより異なるパラメーターが割り付けられることが多い．この複雑さを少しでも緩和するために，本プログラムでは，原子タイプという概念を導入した（表13.2）．図13.5 (d)〜(f) の各元素左肩の数字がこれに当たる．各元素右下の数字はπ系を構成する原子軌道の番号である．表13.2のデータは，図13.5 (g) のメニュー画面において numerical data をクリックし，さらに Atom type をクリックすることによってもみることができる（図13.6 (a)）．numerical data にはこのほか，表13.3の結合タイプや，入力データの x, y, z 座標，結合距離，Z-matrix を表示するサブメニューがある（図13.6 (b)〜(e)）．

13.3.4 置換基の導入

具体例として，前項のベンゼンの画面（図13.5 (d)）にヒドロキシル基を付け加えてフェノールの構造を構築する場合について説明する．

まず，プルダウンメニューの Add から，原子の追加という意味で，Atom を選択する（図13.7 (a)）．

この指示により図13.7 (b) の画面が表示される．まず，新たな原子の原子タイプを表13.2から捜して入力する．ヒドロキシル基は原子タイプ41である．

次の3つの空欄に，ねじれ角（二面体角）を決定する4個の原子（軌道）の番号（図13.5 (d) の各元素の右下の数字）のうちの3個を指定する．ただし，新たな原子がつく側を先に（左に）入れる．ベンゼンの1位につける場合は，1, 2, 3と指定する（1, 6, 5でも同じ結果となる）．

続いて新たな原子 (O) と，1番目の炭素原子との結合距離を入力する．表13.3では，C-O の結合距離の標準値が 1.360 Å となっているので，この値を用いることにする．

結合角（図13.7 (e) の $\angle ^7O^1C^2C = 120°$）を入力する．Dihedral angle（二面体角）は，注目している4番目の原子が図13.7 (c) の点 A の関係にあるときは 180°，図13.7 (d) の点 B の関係にあるときは 0°（(c), (d) における2つの三角形の平面のなす角）と定義される．(e) の場合は，180を入力する．

図13.7 (b) の OK をクリックすると，図13.5 (d) に O が追加された図13.7

(a) 原子の追加の指示

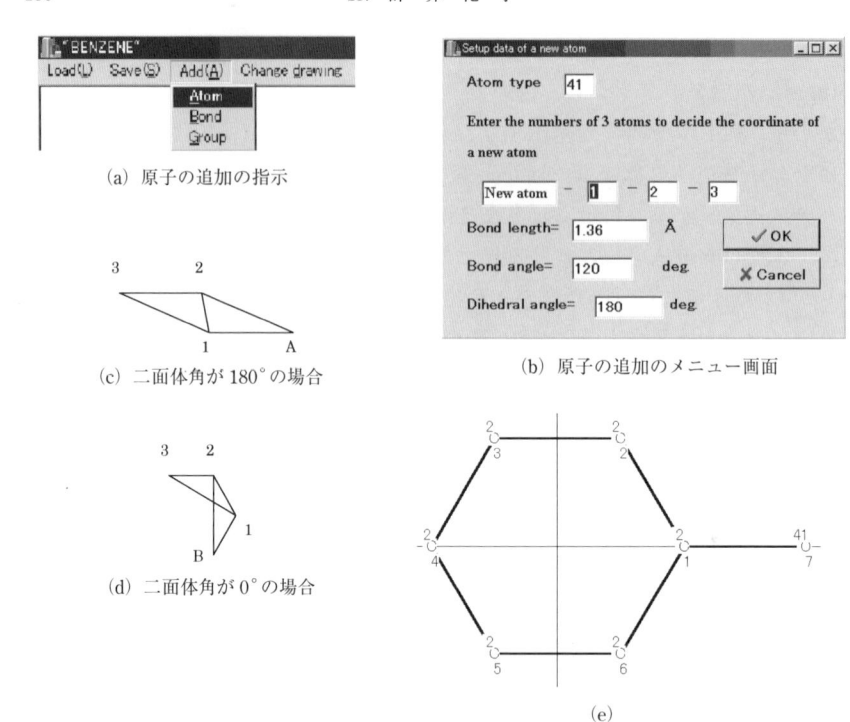

(b) 原子の追加のメニュー画面

(c) 二面体角が180°の場合

(d) 二面体角が0°の場合

(e)

図 13.7 ベンゼンからフェノールを組み立てる手順

(e) の画面となる．

13.3.5 座標ファイルの保存

作成したフェノールの構造ファイル（座標ファイル）は，プルダウンメニューの Save のうち，PPP ファイルを選択し（図 13.8 (a)），続いてファイル名を入力（図 13.8 (b)）して保存する．作成されたファイルの内容は適当なエディタを用いてファイル名を選択してみることができる（図 13.8 (c)）．

13.3.6 計算用ファイルの作成と保存

フェノールの構造ファイル（PHENOL.PPP）から PPP 計算用ファイル（PHENOL.DAT）を作成するには以下の手続きをとる．なお，この手続きでは，新しく生成する計算用ファイルの名称は変更できない（拡張子のみが.PPP から.DAT に変わる）．同じ PPP ファイルを用いて異なる DAT ファイルを作成したいとき（例えばパラメーター k の値だけを変えたいとき）は，図 18.3 (c) の画面から

表13.3 PPP-PC 入力部で用いられる結合タイプ

No.	Bond Type	B_{xy}	K_{xy}	BL	A_0	A_1	D_0	D_1
1	C-C (olefin)	-2.600	1.00	1.350	-2.040	-0.510	1.517	-0.180
2	C-C (1)	-2.390	1.00	1.400	-2.040	-0.510	1.517	-0.180
3	C-C (2)	-2.390	1.00	1.400	-1.900	-0.510	1.517	-0.180
4	C-C (3)	-2.390	1.00	1.400	-1.840	-0.510	1.517	-0.180
5	C-C (4)	-2.390	1.00	1.400	-1.820	-0.510	1.517	-0.180
6	C-C (5)	-2.390	1.00	1.400	-1.812	-0.510	1.517	-0.180
7	C-N (1)	-2.480	1.00	1.400	-2.240	-0.530	1.451	-0.180
8	C-N (2)	-2.480	1.00	1.400	-2.090	-0.530	1.451	-0.180
9	C-N (3)	-2.480	1.00	1.400	-2.020	-0.530	1.451	-0.180
10	C-N (4)	-2.480	1.00	1.400	-2.000	-0.530	1.451	-0.180
11	C-N (5)	-2.480	1.00	1.400	-1.982	-0.530	1.451	-0.180
12	C-N (amine)	-2.750	1.00	1.380	-2.240	-0.530	1.451	-0.180
13	C-N$^{\oplus}$	-2.750	1.00	1.380	-2.240	-0.530	1.451	-0.180
14	C-O (1)	-2.600	0.70	1.360	-2.440	-0.560	1.410	-0.180
15	C-O (2)	-2.600	0.70	1.360	-2.270	-0.560	1.410	-0.180
16	C-O (3)	-2.600	0.70	1.360	-2.200	-0.560	1.410	-0.180
17	C-O (4)	-2.600	0.70	1.360	-2.180	-0.560	1.410	-0.180
18	C-O (5)	-2.600	0.70	1.360	-2.172	-0.560	1.410	-0.180
19	C-N (azo)	-2.480	1.00	1.400	-2.000	0.000	1.451	-0.180
20	C-NO$_2$	-2.000	1.00	1.490	-2.180	0.000	1.474	-0.200
21	CN (nitrile)	-2.670	1.00	1.150	-2.675	0.000	1.451	-0.180
22	C-S	-2.000	0.60	1.700	-1.800	0.000	1.700	0.000
23	N-N (azo)	-2.480	0.60	1.230	-2.600	0.000	1.453	-1.180
24	N-O (nitro)	-3.050	1.00	1.210	-2.650	0.000	1.360	-0.210
25	O-C	-2.460	1.41	1.220	-2.440	-0.560	1.410	-0.180
26	C-Cl	-1.360	0.70	1.740	-1.360	0.000	1.740	0.000
27	C-F	-1.800	1.25	1.300	0.000	0.000	0.000	0.000

PPPファイルを開き，別の名称で保存しなおしてからDATファイルを作成する．

まず，メニューのCreate data for MO calculationから，計算用ファイル作成保存の指示を行う（図13.8 (d)）．いくつかの画面を経て，図13.8 (e)の画面が表示される．デフォルト値がすでに示されているが，以下の項目については計算された値が正しいかどうかを確かめられれば変更する必要はない．

・被占軌道の数
・計算法（次のいずれかをボタンで選択する．variable β, NM-γ（西本，又賀の式）/ variable β, New-γ（西本の新しいγを用いる．γを決めるパラメーター k を入力する）/ constant β（βに一定値を入力する））

(a) ファイルの保存

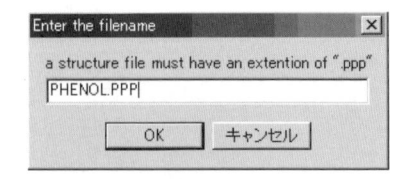

(b) 構造ファイル（.PPP ファイル）の保存の指示

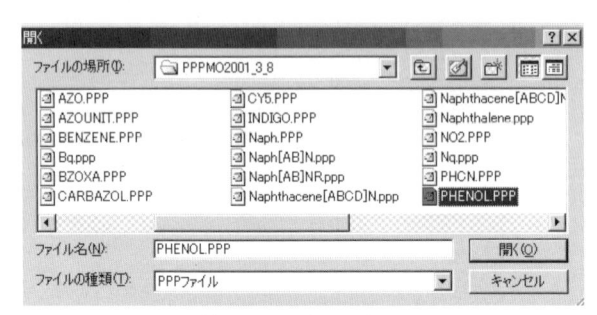

(c) ファイル名の入力

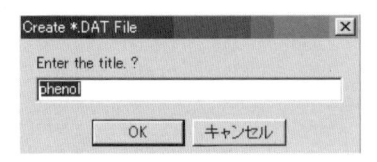

(d) 計算ファイル（.DAT ファイル）の保存の指示

図 13.8

・最初の SCF 計算のための行列の決め方（ヒュッケル法のパラメーターを使う場合は上のボタン，自分で指示したいときは下のボタンを選択する）
・収束条件（通常は 0.001 eV）
・SCF 計算の最大繰り返し数（通常は 40 回）
・出力の形式（標準は上のボタン，下の方を選択するほど出力が詳しくなる）

以上の各項目の確認の後，OK をクリックすると，配置間相互作用の計算などに関する指示項目（図 13.8 (f)）が表示される．通常はデフォルト値のまま，OK をクリックする（ベンゼンなど，吸収極大波長が短波長（高エネルギー側）にあるものを計算したいときは，遷移エネルギーの上限の項（6 eV）を，例えば，8.000 eV に変更する）．OK とするとファイル名 PHENOL.DAT として保存される（図 13.8 (g)）．保存された計算用ファイルの内容は図 13.8 (h) のようにかな

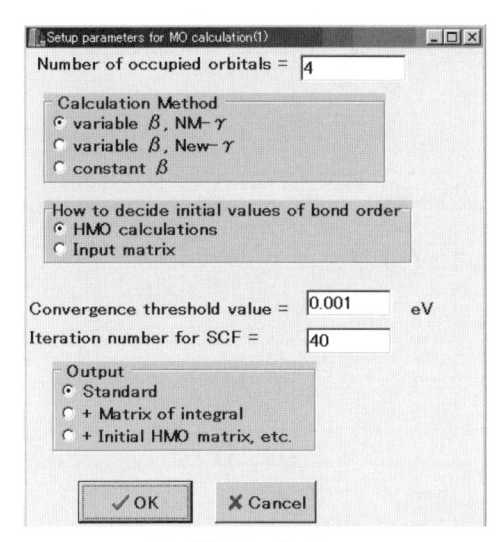

13.3 PPP分子軌道法プログラム（PPP-PC Ver. 2.0）の使い方

(e) 計算方法の指示その1

(f) 計算方法の指示その2

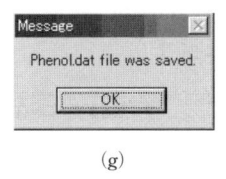

(g)

図 13.8（続）

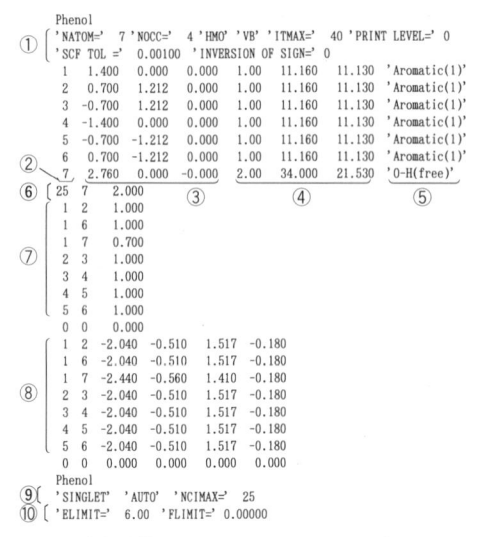

```
  Phenol
① 'NATOM='  7 'NOCC='  4 'HMO' 'VB' 'ITMAX=' 40 'PRINT LEVEL=' 0
  'SCF TOL =' 0.00100 'INVERSION OF SIGN=' 0
      1  1.400   0.000   0.000  1.00  11.160  11.130  'Aromatic(1)'
      2  0.700   1.212   0.000  1.00  11.160  11.130  'Aromatic(1)'
      3 -0.700   1.212   0.000  1.00  11.160  11.130  'Aromatic(1)'
      4 -1.400   0.000   0.000  1.00  11.160  11.130  'Aromatic(1)'
      5 -0.700  -1.212   0.000  1.00  11.160  11.130  'Aromatic(1)'
      6  0.700  -1.212   0.000  1.00  11.160  11.130  'Aromatic(1)'
②     7  2.760   0.000  -0.000  2.00  34.000  21.530  'O-H(free)'
⑥    25   7    2.000      ③              ④              ⑤
      1   2    1.000
      1   6    1.000
      1   7    0.700
⑦     2   3    1.000
      3   4    1.000
      4   5    1.000
      5   6    1.000
      0   0    0.000
      1   2   -2.040  -0.510   1.517  -0.180
      1   6   -2.040  -0.510   1.517  -0.180
      1   7   -2.440  -0.560   1.410  -0.180
⑧     2   3   -2.040  -0.510   1.517  -0.180
      3   4   -2.040  -0.510   1.517  -0.180
      4   5   -2.040  -0.510   1.517  -0.180
      5   6   -2.040  -0.510   1.517  -0.180
      0   0    0.000   0.000   0.000   0.000
  Phenol
⑨ 'SINGLET' 'AUTO' 'NCIMAX=' 25
⑩ 'ELIMIT=' 6.00 'FLIMIT=' 0.00000
```

(h) 計算ファイル PHENOL.DAT の内容

図 13.8（続）

り複雑で，各項目の説明は以下の通りである．

① NATOM は π 系に含まれる原子軌道の数．NOCC 以下は図 13.8 (e) で指示した各項目．

② 原子軌道の番号．

③ それぞれの原子の x, y, z 座標/Å

④ 左から順に，π 系に供給する電子数 $Z(n_r)$，イオン化ポテンシャル IP，1 中心電子反発積分 $G(\gamma_{rr})$．

⑤ 原子タイプ．

⑥ 表 13.2 の H_x（左から 2 つ目の数字は原子の番号 x）．

⑦ 表 13.3 の K_{xy}（左側の 2 つの数字は結合している 2 つの原子の番号 x, y）．

⑧ 表 13.3 の A_0, A_1, D_0, D_1, の値．

⑨ 図 13.8 (f) で指示した各項目．

⑩ 計算結果を出力する遷移エネルギーの最大値（ELIMIT/eV）および振動子強度 f の最小値（FLIMIT）．

13.3.7　PPP 分子軌道法計算の実行

計算用ファイルの作成が終了したら，その内容を表示させてパラメーターの自

13.3 PPP分子軌道法プログラム (PPP-PC Ver. 2.0) の使い方

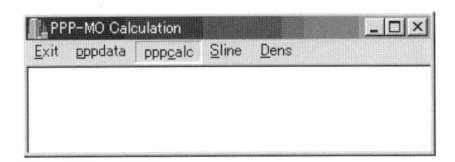

(a) PPP 計算の指示

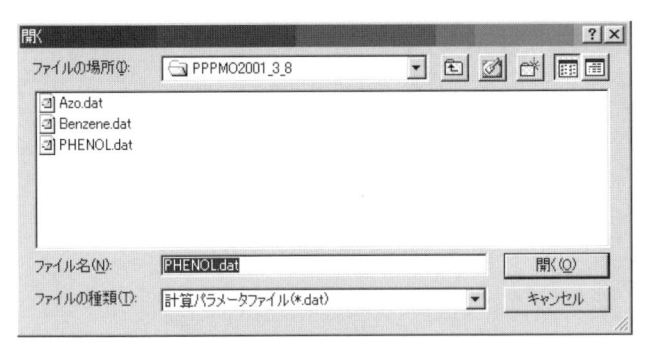

(b) ファイルの選択

```
SCF MO Calculation by Pariser-Parr-Pople Method (Nmax=80)
Executes Hueckel MO Calculation
Calculates Repulsion Integral and Atom-Atom Distances
SCF Iteration No. 1  DP= 0.13772  DE= 15.99737 eV
SCF Iteration No. 2  DP= 0.02192  DE=  1.02412 eV
SCF Iteration No. 3  DP= 0.00602  DE=  0.14821 eV
SCF Iteration No. 4  DP= 0.00184  DE=  0.04507 eV
SCF Iteration No. 5  DP= 0.00058  DE=  0.01431 eV
SCF Iteration No. 6  DP= 0.00019  DE=  0.00459 eV
SCF Iteration No. 7  DP= 0.00006  DE=  0.00154 eV
SCF Iteration No. 8  DP= 0.00002  DE=  0.00049 eV
SCF attained after  8 Cycles
Prints Molecular properties
Calculates Dipole Moments
Executes Configuration Interaction
Forms Configuration Interaction Matrix
Diagonalizes CI Matrix
Calculates Oscillator Strengths, Absorption Wavelength
No. 1 of 12 Excited States    Lambda = 264.53 nm (F= 0.0283)
No. 2 of 12 Excited States    Lambda = 211.76 nm (F= 0.1495)
```

(c) 計算過程の表示

図 13.9　PPP 計算の手続きと出力ファイル

```
A>TYPE PPP.OUT
SCF MO Calculation by the Pariser-Parr-Pople Method
      phenol  ←分子名
         7 Atoms  ←π軌道数        4 Occupied MOs  ←被占軌道数
         SCF Tolerance = 0.001000   Maximum of Iteration =  40  ⎫
         Print Level   =    0                                   ⎬ 計算方法
         Initial Bond Orders are determined by HMO Calculation  ⎭
         Variable Beta and Gamma Method is applied
         ----- Internuclear distances -----
                  1       2       3       4       5       6       7
         1     0.0000
         2     1.3996  0.0000
         3     2.4247  1.4000  0.0000                                         下記の入力データから
         4     2.8000  2.4247  1.3996  0.0000                                 算出した原子間距離
         5     2.4247  2.7992  2.4240  1.3996  0.0000
         6     1.3996  2.4240  2.7992  2.4247  1.4000  0.0000
         7     1.3600  2.3901  3.6661  4.1600  3.6611  2.3901  0.0000
```

入力データ

```
No.   Atom         X         Y         Z      Core Charge  Core Integral   ←(α_r=-IP_r-Σn_sγ_rs)で計算したα_r
----------------------------------------------------------------------
 1   Aromatic(1)   1.4000    0.0000    0.0000    1.00       -45.9578
 2   Aromatic(1)   0.7000    1.2120    0.0000    1.00       -41.9141
 3   Aromatic(1)  -0.7000    1.2120    0.0000    1.00       -39.4447
 4   Aromatic(1)  -1.4000    0.0000    0.0000    1.00       -38.8239
 5   Aromatic(1)  -0.7000   -1.2120    0.0000    1.00       -39.4447
 6   Aromatic(1)   0.7000   -1.2120    0.0000    1.00       -41.9141
 7   O-H(free)    2.7600    0.0000    0.0000    2.00       -58.4105   ←n_s
```

AO(x_r)↗
の番号 r SCF attained after 8 Cycles ←8回の繰り返し計算で SCF 達成

```
     ----- Eigenvalues and Eigen-vectors -----
         1       2       3       4       5       6       7  ←MO(φ_μ)の番号μ
      2.0450  1.1437  1.0000  0.0000 -1.0000 -1.1437 -2.0450  ←固有値(分子軌道エネルギー ε_1～ε_7)
   ⎡ 0.4535  0.5426  0.0000  0.0000  0.0000  0.5426  0.4535 ⎤
 1 ⎢ 0.4093  0.1940  0.5000 -0.2993  0.5000 -0.1940 -0.4093 ⎥
 2 ⎢ 0.3836 -0.3207  0.5000  0.0000 -0.5000 -0.3207  0.3836 ⎥    固有ベクトル(分子軌道 φ_1
AOの番号 3 ⎢ 0.3752 -0.5607  0.0000  0.2993 -0.0000  0.5607 -0.3752 ⎥   ～φ_7における LCAO 係数)
($x_1$～$x_7$) 4 ⎢ 0.3836 -0.3207 -0.5000  0.0000  0.5000 -0.3207  0.3836 ⎥
 5 ⎢ 0.4093  0.1940 -0.5000 -0.2993 -0.5000 -0.1940 -0.4093 ⎥
 6 ⎣ 0.1552  0.3321  0.0000  0.8551  0.0000 -0.3321 -0.1552 ⎦

     ----- Bond-order Matrix -----
           1       2       3       4       5       6       7
     1   1.0000
     2   0.5818  1.0896
     3   0.0000  0.6897  1.0000                                     結合次数行列
     4  -0.2682 -0.0896  0.6475  1.0896                             対角要素は電子密度
     5   0.0000 -0.3103  0.0000  0.6475  1.0000
     6   0.5818  0.0896 -0.3103 -0.0896  0.6897  1.0896
     7   0.5011 -0.2559 -0.0939  0.2559 -0.0939 -0.2559  1.7313

No.   Atom         Core Charge   Electron Density   Charge            電子密度はここに再録
----------------------------------------------------------------
 1   Aromatic(1)      1.0000        0.9683          0.0317
 2   Aromatic(1)      1.0000        1.0565         -0.0565
 3   Aromatic(1)      1.0000        0.9944          0.0056
 4   Aromatic(1)      1.0000        1.0303         -0.0303
 5   Aromatic(1)      1.0000        0.9944          0.0056
 6   Aromatic(1)      1.0000        1.0565         -0.0565
 7   O-H(free)        2.0000        1.8996          0.1004
     Dipole Moment              =     1.329  Debyes ←          双極子モーメント: $\mu=\sqrt{\mu_x^2+\mu_y^2+\mu_z^2}$
     Direction Angles are          0.000,   0.027, and   0.027 Degrees
     Components along Axes are     1.329,   0.000, and   0.000
     Total Electronic Energy  =  -239.07066 eV  ←全π電子エネルギー
```

↓続きあり

(d)

図 13.9 (続)

13.3 PPP分子軌道法プログラム (PPP-PC Ver.2.0) の使い方

```
     ===== Configuration Interaction  =====
     phenol ←タイトル (化合物名)
     ----- Singlet State -----
     phenol  12 Excited States Considered ←デフォルト値として 25 までを指定したが 12 個しかなかった
     ----- Configurational Energy (eV) ----- ←一重項励起配置のエネルギー
      4- 5   5.40370    4- 6   6.09744    4- 7   8.21233    3- 5   6.61768
      3- 6   6.10899    3- 7   8.84592    2- 5   8.27960    2- 6   8.43508
      2- 7  11.05364    1- 5  10.60823    1- 6  10.88981    1- 7  13.56730

     ----- Transition Moments -----  ✓遷移モーメント (CI 前)
                       M      Alpha     Beta     Gamma      Mx       My       Mz
      4- 5   0.978   0.03    0.00     0.03    -0.000    0.978    0.000
      4- 6   1.126   0.00    0.03     0.03     1.126    0.000    0.000
      4- 7   0.037   0.00    0.03     0.03     0.037   -0.000    0.000
      3- 5   0.990   0.05    0.03     0.03    -0.990   -0.000    0.000
      3- 6   0.940   0.03    0.03     0.03    -0.000    0.940    0.000
      3- 7   0.014   0.03    0.00     0.03     0.000    0.014    0.000
      2- 5   0.215   0.03    0.05     0.03    -0.000   -0.215    0.000
      2- 6   0.007   0.00    0.03     0.03     0.007   -0.000    0.000
      2- 7   0.064   0.00    0.03     0.03     0.064    0.000    0.000
      1- 5   0.176   0.03    0.03     0.03    -0.000    0.176    0.000
      1- 6   0.169   0.05    0.03     0.03    -0.169   -0.000    0.000
      1- 7   0.144   0.05    0.03     0.03    -0.144   -0.000    0.000

     ----- CI Eigen Values and Eigen-vectors -----
                1         2         3         4         5         6         7
             4.6876    5.8558    6.7908    6.8155    8.1107    8.1972    8.5003 ← CI 後の励起エネルギー

      4- 5   0.8127   -0.0000    0.5818    0.0000   -0.0000    0.0309   -0.0000
      4- 6   0.0000    0.8821   -0.0000    0.4580    0.0060   -0.0000    0.0991
      4- 7   0.0000    0.0105    0.0000    0.0523    0.8968   -0.0000   -0.4237
      3- 5   0.0000    0.4664    0.0000   -0.8814    0.0165    0.0000   -0.0685
      3- 6  -0.5803    0.0000    0.8049    0.0000   -0.0000    0.1105    0.0000
      3- 7  -0.0128    0.0000   -0.0195    0.0000    0.0000    0.3787   -0.0000
      2- 5  -0.0482    0.0000    0.1092   -0.0000   -0.0000   -0.9181    0.0000
      2- 6  -0.0000    0.0532    0.0000    0.0872   -0.4321   -0.0000   -0.8916
      2- 7  -0.0000    0.0156    0.0000    0.0309   -0.0081    0.0000   -0.0602
      1- 5   0.0173    0.0000   -0.0369    0.0000   -0.0000   -0.0198    0.0000

     --- Bond-order Matrix for the Excited State of No. 1 ---
                1         2         3         4         5         6         7

         1   0.9221
         2   0.4743    1.0760
         3   0.0239    0.5019    1.0741
         4  -0.0293    0.0390    0.5162    0.9401
         5   0.0239    0.0019   -0.0837    0.5162    1.0741
         6   0.4743   -0.0923    0.0019    0.0390    0.5019    1.0760
         7   0.3912   -0.0964   -0.0564   -0.0326   -0.0564   -0.0964    1.8376

      No    Atom        Core Charge   Electron Density    Charge    Delta ED
      ------------------------------------------------------------------
       1    Aromatic(1)     1.00          0.9221          0.0779    -0.0462
       2    Aromatic(1)     1.00          1.0760         -0.0760     0.0195
       3    Aromatic(1)     1.00          1.0741         -0.0741     0.0797
       4    Aromatic(1)     1.00          0.9401          0.0599    -0.0902
       5    Aromatic(1)     1.00          1.0741         -0.0741     0.0797
       6    Aromatic(1)     1.00          1.0760         -0.0760     0.0195
       7    0-H(free)       2.00          1.8376          0.1624    -0.0620

     Transition Energy = 4.68763 eV    Wave Length = 264.5 nm (f= 0.0283)
     Transition Moment ← CI 後の遷移モーメント    ↖λmax     ↖振動子強度 f=0.087532・ΔE・μ²
               TM     Alpha     Beta    Gamma
     -----------------------------------------
             0.2624   0.03     0.00     0.03

     Dipole Moment in Excited State
               DM     Alpha     Beta    Gamma
     -----------------------------------------
             2.261    0.00     0.03     0.03
             Oudar's Beta  =   0.09 in 10^-30esu  (Polarizability for YAG Laser)
```

右側注釈:

$$\alpha(M_x) = \frac{180}{\pi}\cos^{-1}(M_x/M)$$
$$\beta(M_y) = \frac{180}{\pi}\cos^{-1}(M_y/M)$$
$$\gamma(M_z) = \frac{180}{\pi}\cos^{-1}(M_z/M)$$

$$M^2 = M_x^2 + M_y^2 + M_z^2$$

$$M_x = \sqrt{2}\sum_{r=1}^{N} c_{r\mu}c_{r\nu}x_r$$
$$M_y = \sqrt{2}\sum_{r=1}^{N} c_{r\mu}c_{r\nu}y_r$$
$$M_z = \sqrt{2}\sum_{r=1}^{N} c_{r\mu}c_{r\nu}z_r$$

$\Psi_1^{CI} = 0.8127\,^s\Psi_{4\rightarrow 5} + 0.5803\,^s\Psi_{3\rightarrow 6} + \cdots$
$\Psi_2^{CI} = 0.8821\,^s\Psi_{4\rightarrow 6} + 0.4664\,^s\Psi_{3\rightarrow 5} + \cdots$
$\Psi_3^{CI} = 0.5818\,^s\Psi_{4\rightarrow 5} - 0.8049\,^s\Psi_{3\rightarrow 6} + \cdots$

励起状態 $^s\Psi_1^{CI}$ の結合次数行列

CI 後の励起エネルギー (ΔE)

$$\alpha(\mu_x) = \frac{180}{\pi}\cos^{-1}(\mu_x/\mu), \quad \beta(\mu_y) = \frac{180}{\pi}\cos^{-1}(\mu_y/\mu),$$
$$\gamma(\mu_z) = \frac{180}{\pi}\cos^{-1}(\mu_z/\mu)$$

$\mu = \sqrt{\mu_x^2 + \mu_y^2 + \mu_z^2}$

図 13.9 (d・続)

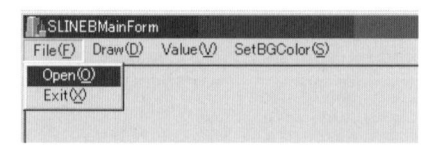

(a)

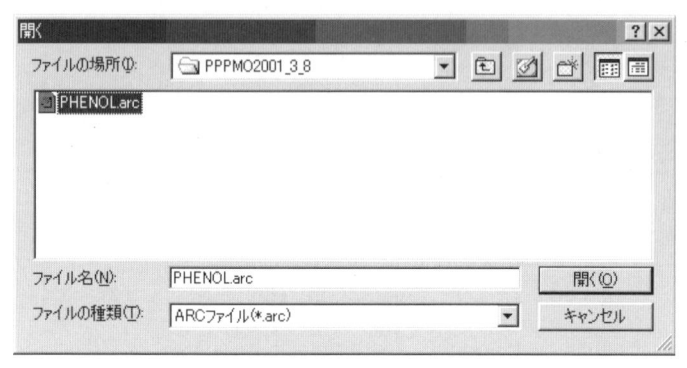

(b)

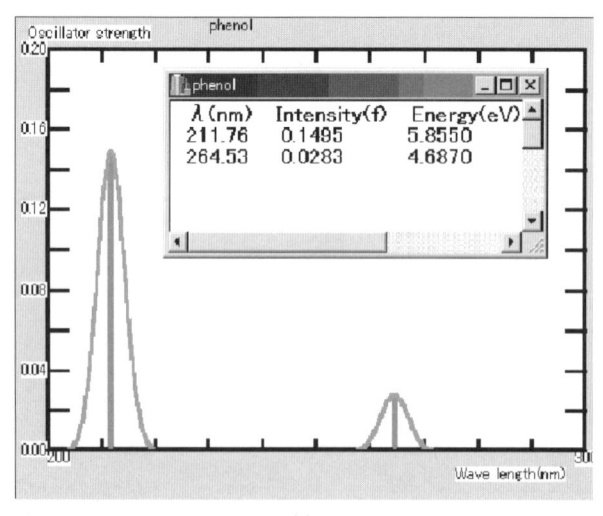

(c)

図 13.10　PPP 計算結果の図示

13.3 PPP分子軌道法プログラム（PPP-PC Ver. 2.0）の使い方　　159

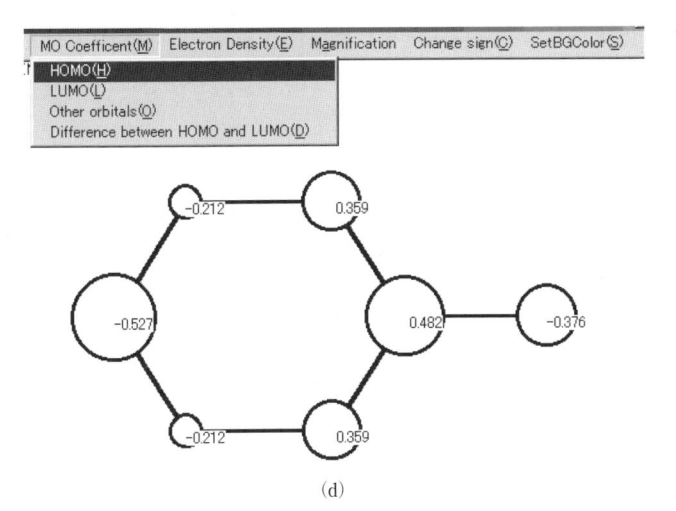

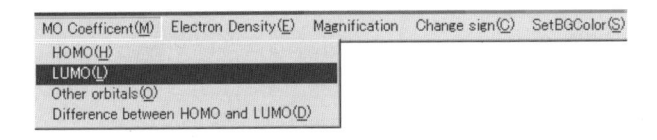

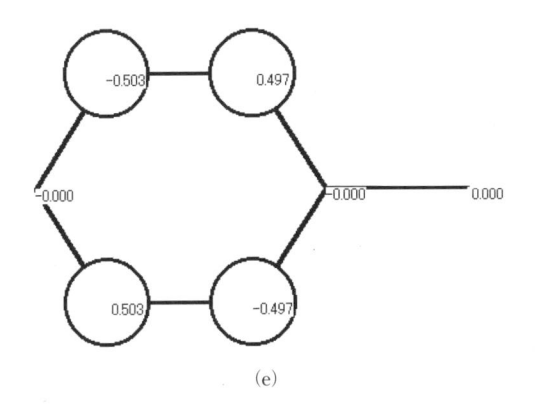

```
MO Coefficent(M)  Electron Density(E)  Magnification  Change sign(C)  SetBGColor(S)
 HOMO(H)
 LUMO(L)
 Other orbitals(O)
 Difference between HOMO and LUMO(D)
```

（ベンゼン環図：−0.212, 0.359, −0.527, 0.482, −0.376, −0.212, 0.359）

(d)

```
MO Coefficent(M)  Electron Density(E)  Magnification  Change sign(C)  SetBGColor(S)
 HOMO(H)
 LUMO(L)
 Other orbitals(O)
 Difference between HOMO and LUMO(D)
```

（ベンゼン環図：−0.503, 0.497, −0.000, −0.000, 0.000, 0.503, −0.497）

(e)

図 13.10 （続）

動割付けが合理的かどうかを判定した後，Exit を指示して入力データ作成画面からメインメニューに戻る．ファイル内容を訂正したい場合は，適当なエディターで変更してから，以下の計算過程に進む．

プルダウンメニューから PPP 計算を指示する（図 13.9 (a)）．

計算すべきファイルを選択する（図 13.9 (b)）．計算過程は (c) のように示される．フェノールの吸収極大は 264.5, 211.8 nm と計算されるが，実測値は 270, 210.5 nm である．

計算結果は，PHENOL.OUT というファイルに格納される．適当なエディターで開くと，図 13.9 (d) となっていることがわかる．各項目の解説は図中に示した．

13.3.8 計算結果の図示

プルダウンメニューから図示（Draw）を選択（図 13.10 (a)）してファイル名を選択（図 13.10 (b)）すると，吸収帯の形（図 13.10 (c)）や HOMO（図 13.10 (d)），LUMO（図 13.10 (e)）などを図示することができる．

以上，PPP-PC Ver. 2.0 の使い方の概略を解説した．他の機能についてはオンラインマニュアルを，パラメーターの意味などの詳細は成書[1~5,9]を参照していただきたい．

文　献

1) 時田澄男，カラーケミストリー，丸善（1982）．
2) 時田澄男，目で見る量子化学，講談社（1987）．
3) 西本吉助，今村　詮編，分子設計のための量子化学，講談社（1989）．
4) 榊　茂好，実験化学講座 3　基本操作 III（第 4 版），丸善，p. 267 (1991).
5) 西本吉助，時田澄男，田辺可俊，吉田元二，松岡　賢編，季刊化学総説「高精度分子設計と新素材開発」，学会出版センター（2000）．
6) 例えば，化学工業日報，2001 年 5 月 22 日，23 日号．
7) 時田澄男，"有機合成化学とマイクロコンピュータ"，有合化，**45**，1129 (1987).
8) 牧　泉，日本化学プログラム交換機構（JCPE）配布プログラム番号 P117 (1998).
9) 時田澄男，松岡　賢，古後義也，木原　寛，機能性色素の分子設計——PPP 分子軌道法とその活用，丸善（1989）．
10) K. Nishimoto, "A MO theoretical study of organic dyes I. Effect of chemical softness on the electronic spectra", *Bull. Chem. Soc. Jpn.*, **66**, 1876 (1993).
11) F. Noguchi, N. Hanaoka, K. Hiruta, T. Tachikawa, S. Tokita, K. Nishimoto, "MS Windows application for a PPP calculation using the novel two-center electron repulsion integral", *Mol. Cryst. Liq. Cryst.*, **345**, 101-106 (2000).

14. 化学研究用データをどう探すか

化学物質の種類は極めて多い．したがって，化学に関する論文，数値，図形その他の情報（すなわち，化学研究用データ）を探すには工夫が必要となる．本章ではまず，データが蓄積されるプロセスを整理して，その探し方について解説する．

14.1 原点は個々の研究者のデータ整理

研究で得たデータはまず実験ノートに記録される．図 14.1 に，これらがどのようにして公開されるかの概略を示した[1]．自分で得た情報を公開して他人の利用に供するためには，研究室レベルにおけるデータの整理が基本となっていることがわかる．

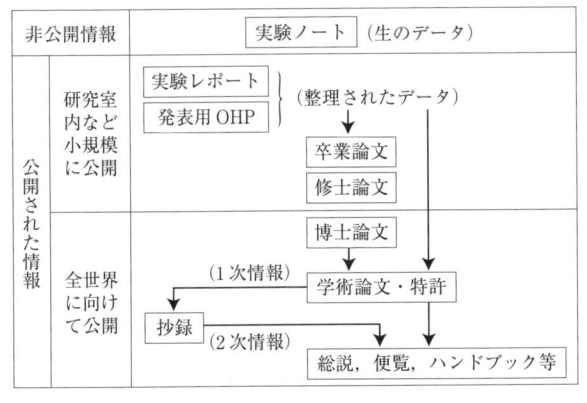

図 14.1 研究における情報の流れ

研究を始めるには，まず，その研究に必要な情報を集める．実験の結果に新規性があればこれを整理し，新たな情報として全世界に向けて公表することとなる．最近では，研究室内で得たすべてのデータ（文献調査結果，研究レポート，発表論文など）を電子化し，CD-Rに記録して活用を図る試みも報告されている[2]．今後この種の試みは増大すると思われる．

14.2 情報の種類

情報には，研究者が新しい研究成果を発表する1次情報と，それらを利用しやすい形にとりまとめた2次情報がある．2次情報をもとにしてさらに利用の便を図ったものを3次情報と呼ぶ．実際の研究では，これらを逆にたどって必要な情報を求めるのが一般的である．

14.3 3次情報の調べ方

特定の研究分野について，その背景や動向を展望したものを総説という．新しい研究を始めるときには，関連する総説に目を通すことで展開のヒントが得られることが多い．

Chemical Review（Chem. Rev.と略記）やAccounts of Chemical Research（Acc. Chem. Res.と略記）などが代表的なものである．他にも，化学総説など，種々のものがある[3]．

辞典，便覧（ハンドブック），物性データ集，スペクトルデータ集なども有用である．

辞典としてよく用いられるものに，The Merck Index, Heilbron Dictionary of Organic Compoundsなどがある[3]．便覧としては，化学便覧などの他，Beilstein Handbook of Organic Chemistry, Gmelin Handbook of Inorganic and Organometallic Chemistryなどがある．バイルシュタインとグメリンは物質を取り扱う研究者には不可欠のものであるが，その利用法にはちょっとしたコツが必要なので成書[1,3]を参照するとよい．物性やスペクトルのデータ集も種々出版されている[3]．最近は，データベースをオンライン検索[3,4]する例も増加している．インターネットの普及もこのような利用法を助長している[5]．

14.4 2次情報の調べ方

1次情報の抄録とその索引からなる雑誌として最も有名なものは，*Chemical Abstracts*（*CA*）である．他にも多くの抄録誌，索引誌が知られている[3]．*CA* は，冊子体，CD（コンパクトディスク）の両方の媒体で配布され，別にオンライン検索用のデータベースもある．情報量が膨大であるために，最近はコンピューターを用いた検索が一般的になりつつある．この方法については成書がある[3,4,6]ので詳細は省略するが，"まず触ってみるのが早道"ではないことに注意する必要がある．*CA* とはどんなものか，成書や冊子体でその構成を理解した上で，できれば講習会などで検索法に習熟してから活用することが奨励されている[3]．オンライン検索では，検索の精度を上げると再現率が低下するのが一般的である．データベース中に含まれる必要文献を見出す（再現する）率を上げようとすると，不要な文献が含まれる率が高くなる（精度の低下）．この事実を理解して実用的な検索式を組み立てるには，経験が必要となる．これらの検索は有料であるので，無用の検索をして課金だけは立派な数字という愚は避けなければならない．

最近は，*CA* を CD-ROM で購入し，例えば，同一キャンパス内でオンライン検索が可能というシステムが増加している．この場合は検索ごとの課金はないので，初心者はまずこのようなシステムで練習するのも一法であろう．

14.5 1次情報の調べ方

従来，オリジナル文献は冊子体で調べるのが一般的であったが，最近は冊子体と同じものを電子出版する傾向にある．多くは検索は無料で書誌事項と抄録が読め，本文は別刷を購入する要領でダウンロード（コンピューターを通して出力）する．本文も無料公開のサービスを行っている学会もある[7]．

文　献
1) 佐藤　弦，杉森　彰，化学実験の基礎知識，丸善（1981）を参考にして作成．
2) 藤川茂紀，国武豊喜，"研究室の電子化大作戦"，化学，**53**（1），28（1999）．
3) 泉　美治，小川雅彌，加藤俊二，塩川二朗，芝　哲夫，牧野正久，化学文献の調べ方（第4版），化学同人（1995）．
4) 山崎　昶，田辺和俊，日本化学会編，実験化学講座 3　基本操作Ⅲ（第4版），第10章，丸善（1991）．

5) 「化学」編集部編,研究者のためのインターネット読本,化学同人 (1998) の資料編 (p. 171〜) に,種々の URL が掲載されている.例えば,下記は無料でデータを公開している.
    http://factorio.jst.go.jp/indexnew.html
    http://webbook.nist.gov/
6) 時実象一,文献[5] の p. 108-126.
7) 例えば,化学ソフトウェア学会(平成 14 年度より,日本コンピュータ化学会)の論文誌. URL は,
    http://cssjweb.chem.eng.himeji-tech.ac.jp/jcs/content.html
    同じものが,科学技術振興事業団の下記の URL からも参照できる.
    http://www.jstage.jst.go.jp/en/

15. 実験データの統計処理

　実験によってある同じ量を測定する場合，実験の方法や装置が異なれば，測定値が完全に一致することはまずありえない．測定する人間（測定者）が違えば異なる結果が出るのは場合によっては当たり前でさえある．条件をできるかぎり揃えたとしても，測定データは多少ともばらついているのがむしろ普通である．ところで，計測誤差は「（測定値）−（真の値）」として与えられるが，真の値がわからないからこそ測定実験をするのであって，真の値が不明のとき測定誤差の大きさをどのようして求めるかが問題である．言い方を変えれば，誤差が正しく評価できたということは真の値について信頼性ある情報が得られたということと等価である．

　本章では，測定データのバラツキの示すものは何か，それをどう扱ったらよいか，誤差とは何か，誤差を減らして測定精度を上げ計測データの信頼性を確保するにはどうしたらよいかなど，実験や計測を通じてわれわれが日常的に出合い，頭を悩ませる問題について扱う．

15.1 実験データはどのように表示すべきか

15.1.1 計測結果の数値による表し方と誤差

　ものさしや電圧計といった基本的な測定器具を用いて目的の量を測定する際に，どんなに精度のよい計器を使い，細心の注意を払って測定を行ったとしても，計器そのものの精度や測定者の読みとり能力[*1]の限界のために，得られた測定値は必ずしも真の値を示しているわけではない．また，いくら慎重に，いくら科学的に測定を行ったとしても何がしかの不確かさを避けることは決してできない

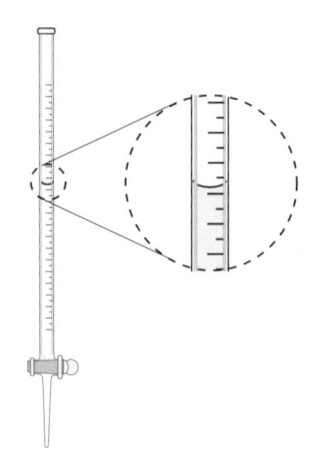

図 15.1 ビュレットで溶液の量を測る

以上, 誤差を正しく解析することによって, 不確かさの程度を正しく評価することが必要である. そのためにはまず, 計測結果を数値（および単位）によって表すにはどうすればよいのだろうか.

[*1] 一般に, ものさしやアナログ式の天秤, 電圧計などの計器を用いて, 長さや質量, 電圧などを測定するとき, 最小目盛の1/10まで「目分量」で読むべきである. しかし, その目分量の誤差が問題になることは意外に少ない. 例えば, 滴定で用いるビュレットを最小目盛（通常, 0.1 mLきざみ）の1/10まで目分量で読むとして, 水溶液の1滴がおよそ0.05 mLであることを考えてみるとよい（図15.1）. 高い精度の実験結果が得られるかどうかは, 目的とする測定対象についてどのような精度の計測機器を用い, どのような誤差解析を行うかという実験計画法の問題である.

例えば, 5 300 m というような測定値の場合, どこまでが測定で得た意味のある数値なのか, 桁ごとの数値の確かさはどの程度なのかなどを明確にするために,「有効数字」を用いて 5.30×10^3 m という書き方をする. 有効数字は, 1の位から小数で表し, 位どりは「$\times 10^n$」を用いる. この場合, 有効数字は 5, 3, 0の3桁であり, 10 mまでの各桁の数値は確かであるという意味になる. 最後の0を省略して5.3にしたり, 逆に, 0をつけて5.300とすると, 誤差の程度が変わり, 表す意味が違ってくる. 有効数字の桁数で測定精度のおおよその見当をつけることができる.

次に, ストップウォッチで時間の計測をする場合を考えてみる. 例えば, 振り子の周期の測定を何度か繰り返して,

2.3秒, 2.4秒, 2.5秒, 2.3秒, 2.4秒, 2.4秒, 2.2秒, 2.6秒, 2.5秒, 2.4秒

という結果が得られたとして測定誤差について何かいおうとすると，まず，周期の「最良推定値」として，平均値である 2.4 秒をとるのが自然であろう．また，正確な周期は最小値の 2.2 秒と最大値の 2.6 秒の間，つまり ±0.2 秒程度の不確かさの範囲にあるといってもよさそうである．そこで一般に，測定結果（測定値）を

$$(x の測定値) = (最良推定値\ x_{\text{best}}) \pm (誤差\ \delta x) \quad (15.1)$$

と表示するのが普通である．ここで誤差 δx は，常に正の値とする．問題は「誤差 δx」の意味のある見積もりをどうするかである．上の例では誤差 δx を 1 秒としても間違いではないが，真の値を推定する上で大して役には立たないし，説得性のある根拠もない．後述するように同じ測定を何度か繰り返すことができる場合には，測定結果のバラツキが測定誤差について重要な示唆を与えることになるが，その見積もりは慎重に行う必要がある．

なお，同じ 0.2 cm の誤差が得られたとしても，2 m のものを測定した場合と 2 cm のものを測定した場合とでは測定の精度が異なり，前者の精度の方がすぐれている．このような精度のよさを表すのには，誤差と最良推定値の絶対値との比（$\delta x/|x_{\text{best}}|$，「相対誤差」という）の値を用いると理解しやすい．

数値の書き表し方としては有効数字を用いるのが読みやすく，例えば，

$$g (重力加速度) の推定値 = 9.82 \pm 0.02\ \text{m s}^{-2}$$
$$e (電気素量) の測定値 = (1.61 \pm 0.05) \times 10^{-19}\ \text{C}$$

などとするとよい．誤差 δg として計算の結果 $\delta g = 0.02385\ \text{m s}^{-2}$ などとなったとしても，通常，実験誤差は 1 桁（有効数字で 1 桁）に丸めて[*2]上式のように書く．また，最良推定値の有効数字の最終桁と誤差の桁とは同じ桁になるようにする．つまり，6 051.78 ± 30 は誤った表現であり，6 050 ± 30 とすべきである．しかし，間接測定（直接測定の結果を用いて計算によって測定値を導き出す操作）では，数値の丸めによって生じる不正確さを減らすために，計算に用いる数値には一般に最終的に必要とする有効数字の桁数よりも少なくとも 1 桁多い有効数字を用いるとよい．そして，計算の最後で忘れずに答を丸めておくこと．

[*2] 数を四捨五入する（丸める）方法については，ISO が指針を示している．
JIS Z 8202—1985（量記号，単位記号および化学記号），日本規格協会（1985）．

15.1.2 誤差の種類と実験データの扱い方

ある対象について 1 回の測定を行えば何らかの値を得ることはできるが，その

測定値の再現性や信頼度，あるいは含まれる誤差についてはっきりした結論を得るには，その測定を何回か繰り返したり，別のテストや校正をしなければならない．得られた測定値と真の値の差を誤差（または絶対誤差）という．誤差は種々の原因で生じ，測定を繰り返すと測定値には多かれ少なかれバラツキが生じるものである．誤差の原因としては，測定環境や測定条件の変動，計測器の構成や動作の不完全さなどの他に，ヒューマンファクター（測定者の違いや測定者の癖など）や測定原理そのものの不完全さなどが考えられる．これらの原因によって生じる誤差は，

① 系統誤差(systematic error)： 測定原理の不完全さや，測定器具の不備，読みとり方の癖などによる測定値の偏り．進み方の遅いストップウォッチで計測したデータにみられるように，すべての計測結果に同じように影響（偏り）を与える．系統誤差の原因をみつけるのは困難なことが多く，その大きさを評価するのは易しくないが，測定理論の改良や機器の校正などにより原理的には防ぐことができる．

② 偶然誤差(ランダム誤差, random error)： 一般に測定者が関知できない原因によって偶然に起きるもの．人為的に防ぐことはできないが，統計学的性質をもっているので測定回数を多くして，平均をとることにより，その影響を最小限におさえることができる．また，統計的方法により偶然誤差の大きさを客観的に評価することができる．

③ 間違い(mistake)： 測定者の不注意に起因する．

の３つに分類される．測定値のバラツキの小さい程度を「精密さ」，偏りの小さい程度を「正確さ」といい，これらを含め測定結果の総合的なよさを「精度」という．精度の高い測定を行うには，測定原理や測定機器を見直し，化学測定では被験試料から不純物を取り除くなどして様々に工夫する必要がある．

ある一定の機器を使ってある物理量を多数回測定して測定値の分布が得られると，後述するように測定した物理量の最良推定値とその偶然誤差の推定値が求められる．しかし，系統誤差のために得られた測定値が真の値にどれだけ近いかは不明である．信頼度の高い測定値を得るためには，バラツキの小さい再現性のよい測定をすることが必要であるが，系統誤差の原因を適切に推定し，その原因を取り除いたり補正するなどして系統誤差をできるかぎり小さくしておくことが極めて重要である．系統誤差についての簡単な理論はなく，統計的手法で評価が難

しいからこそ系統誤差は取り除いておくべきなのである．

> **Tea time　太陽に引かれて光が曲がる!?**
>
> 　Einsteinの一般相対性理論によれば，静止質量 m の物体は $U = mc^2$（c は真空中での光速度）のエネルギーをもつ．これから逆に，U というエネルギーの塊は $m = U/c^2$ という静止質量をもつことになる．一方，知りうる時間の長さの限界として宇宙の年齢（約100億年）を考えると，不確定性原理から光子の質量はおよそ 10^{-66} g より小さくはないことが示される（しかし，静止した光というのはありえないから，光の静止質量というのは矛盾した概念であり，光の静止質量はゼロということになっている）．Einsteinは光（光子）がそのわずかな質量のために，例えば太陽の近くを通るときに太陽から引力を受けて進路がほんのわずかだけ曲がるはずだと予言した（図15.2）．そして，その湾曲角 δ は，
>
> $$\delta = \frac{4GM}{c^2 R} \approx 1.75''$$
>
> となることが理論的に予想されると指摘した（G は万有引力定数，M と R はそれぞれ太陽の質量と半径）．単純な古典理論によればまったく曲がらない（$\delta = 0$）はずだが，古典理論の範囲でもう少し詳細に検討してみると $\delta = 0.9''$ は曲がることが予想される．そこで，太陽の端とほぼ一直線上に並んでみえる星を観測して，曲がり角 δ を計測した結果が $\delta = 1.8''$ となれば一般相対性理論の正しさが（少なくともこの現象に関しては）示されたことになるが，もしも δ が $0.9''$ 程度以下であれば一般相対性理論は間違いということになる．
>
> 　英国のEddingtonらは1919年5月末の日食を利用してある恒星の写真を撮り，これを日食から半年後の写真と比較して，最良推定値として $\delta = 2''$，そして95％

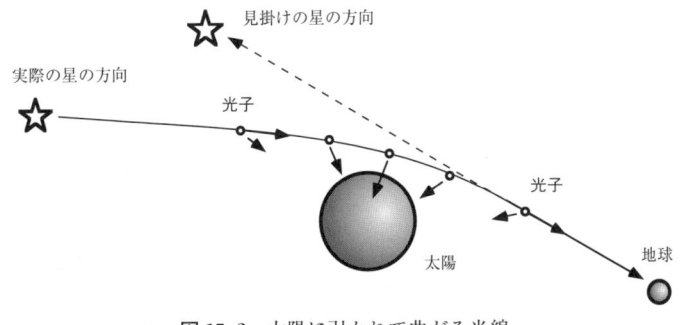

図 15.2　太陽に引かれて曲がる光線

の信頼度で 1.7″ と 2.3″ の間であることを報告した．これに対して，この測定結果では誤差が過小評価されすぎていて問題だとの指摘がなされた．しかし，極めて強い重力場の中で光が閉じこめられてしまうブラックホールの発見など，Einstein の理論の正しさを示す実験が次々と現れ，現在ではその正しさは確立したものと考えられるようになっている．実験をする上で重要なことは，あらゆる実験誤差を客観的に正しく見積もることができるかどうかということである．

15.2　測定データの誤差解析

どうすれば測定誤差を正確に評価することができるのか，そしてその誤差をどのように使えば実験から正しく結論を導き出すことができるのかが次の課題である．ここから先は，測定原理や測定機器などの見直しによって，すべての系統誤差は無視できる程度にまで減らしてあるものとする．系統誤差が無視できない場合の誤差解析については，本書では触れない．

15.2.1　最良推定値と偶然誤差の推定

同じ測定を何度か繰り返すと測定値の分布（バラツキ）が得られる．このバラツキは誤差についてのよい目安となり，また測定値の平均は個々の測定結果よりも信頼に足るものと考えられる．測定を繰り返すことにより，測定結果の信頼性が向上し，統計的な処理によって誤差の評価が可能となる．測定は注意深く何度か繰り返し行ってみるべきである．しかし，測定を繰り返し行ったからといって，誤差がすべて明らかになるとはかぎらない．測定結果のバラツキには系統誤差が反映されないことに注意する必要がある．

系統誤差を無視することができるとき，測定値の「平均値 $\bar{x}$（期待値ともいう）」を最良推定値と考える理由は一般的な測定値の分布が「正規分布」に近い統計的な挙動を示すと考えられるためである．したがって，誤差（偶然誤差）についてもこの分布の様子を反映した適切なパラメーターを用いてその客観的な推定値とすることができる．すなわち，一般に

$$(x \text{ の測定値}) = (\text{測定値の平均値} \bar{x}) \pm (\text{適切な誤差}) \quad (15.2)$$

となる．ここで，正規分布（別名，ガウス分布）とは，確率密度関数が

$$G_{X,\sigma}(x) = \frac{1}{\sqrt{2\pi}\,\sigma} e^{-(x-X)^2/2\sigma^2} \quad (15.3)$$

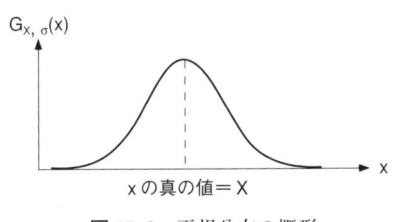

図 15.3 正規分布の概形

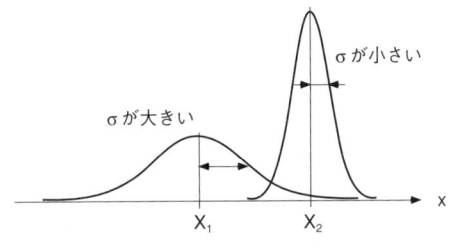

図 15.4 幅のパラメーター σ の大小がバラツキの程度を反映する

で与えられ，図 15.3 のような $x = X$ を中心とした左右対称的な形をしている連続変量の分布を指す．この確率密度関数で表される確率分布（ある変量 X のとる値 x と，X が x をとる確率との関係）は，測定回数が極めて多いとき（極限分布），1 回の測定である値 x が得られる確率を表している．系統誤差が無視できるほどに小さく，誤差の原因としてはランダムなものだけであれば「無限回の測定」でこのような極限分布となる．このことから，注意深く測定を繰り返していって測定値がある値に次第に近づくならば（ある値を中心とした領域に測定値の出現する頻度が高くなるならば），この値を真の値と考えることができて，その値は確率が最大となる極限分布の中心 X に一致する（最尤性原理）．つまり，

$$(x の平均値 \bar{x}) = \int_{-\infty}^{\infty} x G_{X,\sigma}(x) dx = X \tag{15.4}$$

一方，式 (15.3) の σ は「幅のパラメーター」と呼ばれ，σ の値が分布の幅を示している（図 15.4）．σ が大きいときは真の値からのバラツキが大きく，σ が小さいときは逆にバラツキが小さく，測定の精度が高いことを表している．$1/\sqrt{2\pi}\sigma$ は規格化因子である．式 (15.3) の極限分布の「標準偏差(SD) σ_x」を計算すると σ と一致することから，幅のパラメーター σ は無限回測定したときの測定値の標準偏差になっている．

$$\sigma_x^2 = \int_{-\infty}^{\infty} (x - \bar{x})^2 G_{X,\sigma}(x) dx = \sigma^2 \tag{15.5}$$

正規分布において中心から両側に幅 σ の領域を考え，1 回の測定値がこの範囲内に入る確率 $P(\sigma)$ はその領域の面積として与えられるので，

$$P(\sigma) = \frac{1}{\sqrt{2\pi}\sigma} \int_{-\sigma}^{\sigma} e^{-x^2/2\sigma^2} dx \approx 0.6827 \tag{15.6}$$

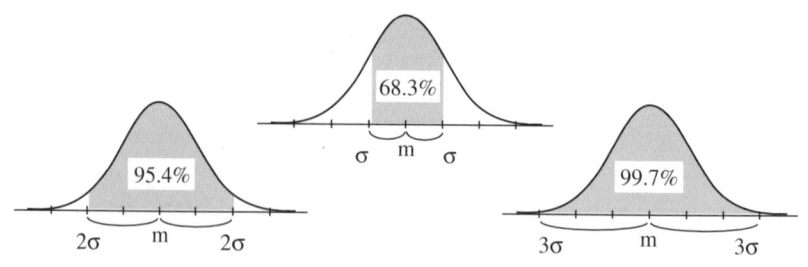

図 15.5 正規分布の中心からそれぞれ $\pm\sigma$, $\pm 2\sigma$, $\pm 3\sigma$ の信頼限界

すなわち，約 68.3 % となる．これは，1 回の測定をして真の値から σ 1 つ分（つまり，標準偏差 1 個分）の範囲内に測定値が入る確率が約 68 % ということを意味している．これを 68 % の「信頼限界」といい，標準偏差（SD = σ_x）を任意の測定値 x の誤差 σ_x とすれば，真の値から $\sigma(\sigma = \sigma_x)$ の幅の誤差の中に 68 % の「信頼度」で測定値が入っているといえる．これが，信頼限界に基づいた誤差の意味する内容である．なお，両側にそれぞれ 2σ および 3σ の範囲では，信頼限界はそれぞれ 95.4 % および 99.7 % となる（図 15.5）．

ところが，「現実の測定実験は有限な回数しかできない」ことを考えると，有限回の測定結果 $x_1, x_2, \cdots, x_N$ から計算される標準偏差 σ_x は極限分布 $G_{X,\sigma}(x)$ の σ の近似値である．つまり，有限回の測定結果 $x_1, x_2, \cdots, x_N$ の平均値 $\bar{x}$ を真の値 X の推定値 x_{best} とすると，$x_1, x_2, \cdots, x_N$ から計算される標準偏差 SD をこの $\bar{x}$ の誤差とするのは適切ではない．$\bar{x}$ の誤差としては，SD に代わって「平均値の標準偏差（SDOM）$\sigma_{\bar{x}}$」を用いる必要がある．これは，N 個の測定値の平均値 $\bar{x}$ の信頼性を評価するために多数の平均値 $\bar{x}$ の分布を考えると，これが真の値 X を中心として，幅 $\sigma_{\bar{x}}$ で正規分布することが示されるからである．

$$\text{平均値の標準偏差 (SDOM)}\ \sigma_{\bar{x}} = \frac{\sigma_x}{\sqrt{N}} \tag{15.7}$$

有限回の測定により得られた N 個の量 $x_1, x_2, \cdots, x_N$ の標準偏差 σ_x を極限分布の幅 σ の最良推定値とすると，証明は省略するが，

$$\sigma_x = (\sigma \text{ の最良推定値}) = \sqrt{\frac{1}{N-1}\sum_{i=1}^{N}(x_i - \bar{x})^2} \tag{15.8}$$

で与えられるので，結局式 (15.2) の誤差としては SDOM を考えればよく，

$$(x \text{ の測定値}) = (\bar{x}) \pm (\text{SDOM}) \tag{15.9}$$

となる.

ここまでは極限分布として正規分布を考えてきたが，現実に起こる現象には連続変量ではない離散変量となる分布が少なくない．そうした分布の代表に2項分布やポアソン分布がある．例えば，サイコロの目の出方や原子核の壊変，赤ん坊の出生など，一見するとランダムに起こるのだが，平均してみれば一定の平均出現率で起こる事象である．このような事象の出現回数の測定では，こうした現象を1回測定したときの誤差（偶然誤差）を含めた測定結果の評価はどのようになるであろうか．結果のみ示すと（参考文献参照），

①2項分布： n 回の試行を何回も繰り返して，予想される2種の結果のうち特定の一方の結果（起こる確率は p）が n 回の試行で v 回となるとき，

v の期待値は $\bar{v} = np$，v の標準偏差は $\sigma_v = \sqrt{np(1-p)}$

n が大きければ，同じ平均値，同じ標準偏差のガウス分布で近似でき，

$$X = np, \quad \sigma = \sqrt{np(1-p)}$$

②ポアソン分布： あらかじめ決めた時間 T の間に起きる頻度の平均値が一定である事象（平均係数率は R）が測定時間 T の間に v 回観測されるとき，

v の期待値は $\bar{v} = \mu = RT$，v の標準偏差は $\sigma_v = \sqrt{\mu}$

μ が大きければ，同じ平均値，同じ標準偏差のガウス分布で近似でき，

$$X = \mu, \quad \sigma = \sqrt{\mu}$$

15.2.2 誤差の伝播

時間 t と距離 d を計測して速度 $v = d/t$ を求めるような間接測定では，t と d の直接測定で求められたそれぞれの誤差 δt と δd が計算を通じて最終的な v の誤差 δv に影響を与える．このような「誤差の伝播」によって生じる最終的な誤差を評価するためには，ほとんどの場合，以下に示す基本的な4つの規則を用いることができる（参考文献参照）．

いくつかの量 $x, \cdots, w$ とそれらの誤差 $\delta x, \cdots, \delta w$ の測定値から次の量 q を計算し，その誤差 δq を評価するとき，

規則1：測定値と既知の定数（B）の積

$$\delta q = |B|\delta x \quad \text{あるいは，これと等価な，} \quad \frac{\delta q}{|q|} = \frac{\delta x}{|x|} \tag{15.10}$$

規則2：和と差

$$q = x + \cdots + z - (u + \cdots + w)$$

では，すべての誤差が互いに独立かつランダムであるとすると

$$\delta q = \sqrt{(\delta x)^2 + \cdots + (\delta z)^2 + (\delta u)^2 + \cdots + (\delta w)^2} \tag{15.11}$$

また，以下の関係は常に成り立つ．

$$\delta q \leq \delta x + \cdots + \delta z + \delta u + \cdots + \delta w \tag{15.12}$$

規則3：**積と商，べき乗の計算**

$$q = \frac{x \times \cdots \times z}{u \times \cdots \times w}$$

では，すべての誤差が互いに独立かつランダムであるとすると

$$\frac{\delta q}{|q|} = \sqrt{\left(\frac{\delta x}{x}\right)^2 + \cdots + \left(\frac{\delta z}{z}\right)^2 + \left(\frac{\delta u}{u}\right)^2 + \cdots + \left(\frac{\delta w}{w}\right)^2} \tag{15.13}$$

ここで，xの測定値が$x_{\text{best}} \pm \delta x$であるとき，$\delta x/|x_{\text{best}}|$のことを$x$の「相対誤差」といい，これを簡便のため$\delta x/|x|$と表記した．
また，以下の関係は常に成り立つ．

$$\frac{\delta q}{|q|} \leq \frac{\delta x}{|x|} + \cdots + \frac{\delta z}{|z|} + \frac{\delta u}{|u|} + \cdots + \frac{\delta w}{|w|} \tag{15.14}$$

さらに，べき乗の計算（$q = x^n$, nは既知の定数；正の整数でなくともよい）では，

$$\frac{\delta q}{|q|} = |n|\frac{\delta x}{|x|} \tag{15.15}$$

規則4：**任意の1変数関数**

$q = q(x)$をxの任意の1変数関数とすると，

$$\delta q = \left|\frac{dq}{dx}\right|\delta x \quad \text{あるいは，これと等価な，}$$

$$\delta q = |q(x_{\text{best}} + \delta x) - q(x_{\text{best}})| \tag{15.16}$$

規則1から規則4までを用いれば，複雑な関数の計算でもいくつかのステップごとに分解して誤差を逐次的に求められることがわかる．しかし，ステップごとに誤差計算を行うと，不必要に大きな誤差の値が出てきてしまうことがある．例えば，$q = y - x\sin y$などでは，分解したときのパーツyと$\sin y$とが互いに独立でないこともその一因である．また，絶対誤差と相対誤差の混在に注意しなければいけないなどの面倒もある．これに対して，以下の一般化した規則5を用いれば

このような問題は起こらない．

規則5：誤差の伝播に関する一般式

$q = q(x, \cdots, z)$ を $x, \cdots, z$ の任意の関数として，すべての誤差は互いに独立かつランダムであれば，

$$\delta q = \sqrt{\left(\frac{\partial q}{\partial x}\delta x\right)^2 + \cdots + \left(\frac{\partial q}{\partial z}\delta z\right)^2} \tag{15.17}$$

また，以下の関係は常に成り立つ．

$$\delta q \leq \left|\frac{\partial q}{\partial x}\right|\delta x + \cdots + \left|\frac{\partial q}{\partial z}\right|\delta z \tag{15.18}$$

誤差の伝播の計算は規則5に一本化できてしまうが，単純な関数であれば，規則1から4を使って計算した方が容易なこともある．「足し算や引き算では絶対誤差を足し合わせた値が，また掛け算や割り算では相対誤差を足し合わせた値が，それぞれ最終的な誤差および相対誤差の上限を与える」という理解は場合によっては有用であろう．

式(15.12)や式(15.14)の「単純和」で見積もった最終的な誤差はその上限に当たり，個々の誤差が同時に正の最大もしくは負の最大の値をもつときのもので，特別な場合に相当する．多くの場合は正の誤差と負の誤差とが共存して部分的な誤差の打消し合いが起こるので，単純和では最終的な誤差を過大に評価したことになってしまう．個々の誤差が互いに独立でしかもランダムであれば，正規分布の特性から誤差（あるいは相対誤差）を式(15.11)や式(15.13)のような「二乗和」の形で表すことができ，現実的でしかもより小さい値となる．

具体的な誤差を表記していない数値（近似値）が与えられた場合の誤差の計算では，それらの数値の最終桁の1/2を誤差の大きさとみなして（例えば，32.6および1.52では，それぞれ±0.05および±0.005）上述の規則に従って行うか，あるいは実用的には以下の方法に従って計算を行ってもよいが，あくまで便宜的なものと考えるべきである．

①近似値の加減算：　位どりの最後の桁が最も高い数値を基準にして，それ以外の数値は位どりが1桁多くなるように下の桁を揃えてから計算し，最後の答の位どりは基準に用いたものに合わせる．

例：$15.286 + 32.6 + 2.57 \rightarrow 15.29 + 32.6 + 2.57 = 50.46 \approx 50.5$

②近似値の乗除算：　有効数字の桁数の最も少ない数値を基準にして，それ以

外の数値は有効数字を1桁多くしてから計算し，答の桁数は四捨五入により基準に用いたものに合わせる．

例：$132.3 \times 7.2 \rightarrow 132 \times 7.2 = 950.4 \approx 950 = 9.5 \times 10^2$

また，計算のもとになる測定値や近似値に1つでも精度の悪いものがあると，ほかの測定値や近似値の桁数がいくら多くてもむだになってしまうので注意が必要である．例えば，半径2.3 cmの円の円周を求めるには，$2 \times \pi \times 2.3$ という計算をすることになる．このうち，2は測定値ではなく誤差のない正確な数値なので有効数字を考えなくてよい．また，$\pi = 3.141\ 592\ 653\ 5\cdots$であるが，計算の相手である2.3の有効数字が2桁なので，有効数字3桁までの部分を使えばよい．したがって，$2 \times 3.14 \times 2.3$ という計算をすればよいことになる．π 以外にも自然対数の底（$e = 2.718\ 281\ 828\ 4\cdots$）や$\sqrt{2}$ などの無理数，あるいは桁数の大きな普通物理定数（真空中の光速度 c [*4]，プランク定数 h [*5] など）についても同様の取扱いが必要である．

[*4] 厳密に，$c = 299\ 792\ 458$ m s^{-1} である．1983年の国際度量衡総会で採択された定義値．これにより現在，1 mは「真空中の光が1秒間に進む長さの 1/299 792 458」として定義されている．

[*5] 2桁の誤差を含めて，$h = 6.626\ 068\ 76(52) \times 10^{-34}$ J s（1998年 CODATA 推奨値）と書き表されることがある．これは基礎物理定数などにしばしば使われる表記法であり，(52)は数値の最後の2桁に誤差があって，$h = (6.626\ 068\ 76 \pm 0.000\ 000\ 52) \times 10^{-34}$ J s を意味する．cf. http://www.physics.nist.gov/cuu/index.html

15.2.3 エラーバーはどのようにつけたらよいか

測定データの間の関係を把握する目的でグラフを利用することは極めて有効である．特に，パソコン上で簡単に使える商用のグラフ化ソフトが普及した今日では，大量の測定データを入力して，高速な計算処理を行って，瞬時に見栄えのよいグラフを作成することが可能となり，データ解析や研究成果の発表・報告に有効に利用できるようになった．

パソコンハードウェアの急速な性能向上やこうした高機能ソフトウェアの利用によって，線形回帰分析（最小二乗法）や様々な統計処理を含む複雑なデータ処理が簡便に行え，2次元グラフばかりでなく3次元の複雑なグラフでさえも容易に描画でき，モニター上で様々な角度からグラフを眺めて新しい知見を発見したり，座標軸変換による再プロットなどのその場処理が容易にできる利点は極めて大きい．しかしその一方で，グラフのきれいな仕上がりばかりに気をとられて，

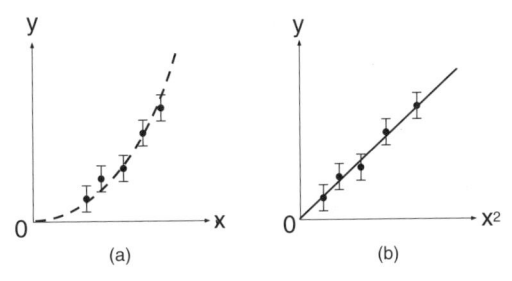

図 15.6 エラーバーと座標軸の変換によるデータ間の相関の発見
 y が x^2 に比例するとしても，x に対して y の測定値をプロットしたもの (a) では放物線に乗るかどうか判断しにくい．しかし，x^2 に対する y のプロット (b) は原点を通る直線となることが目視で容易に理解できる．

1点1点の測定データの誤差評価や複数のデータ間の相関についての評価を「機械任せ/ソフト任せ」にしていたのでは，重要な発見を見落としたり，誤った結論を導き出す可能性さえある．ここでは，2次元グラフを例にとりデータプロットにおける誤差の基本的な表示法および関連事項についてみておきたい．

　グラフ上にプロットされた数値データに誤差が表示されていない場合には，その実験データとしての価値は大幅に落ちてしまう．1つのプロットデータは2変数で構成されているが，多くの場合，一方は実験的に制御可能な不確かさの低い変数であることが多いものである．その場合はその変数の誤差を無視できるものとして扱い，制御可能な変数ではないもう一方の変数について各測定点の誤差を制御可能な変数に対応する座標軸と垂直な方向に「I字形」のエラーバーで表示するとよい．必要に応じてもう1つの変数についても誤差を推定して，「十字形」のエラーバーをつけることもある．

　各データ点にエラーバーをつけることにより視覚的な情報が増え，多くの測定点を横切って1本の直線あるいは曲線を引く場合にも，エラーバーのある場合の方が引きやすいし，その操作を行った結果の信頼性も見極めやすい（図 15.6）．また，データ間に何らかの相関が予想される場合，データの偏りや飛びから系統誤差の存在や，特定のデータ点に実験上の問題があった可能性について知ることができる場合もある．

　エラーバーの具体的なつけ方は，そのデータ点がどのようにして得られたものであるかによる．いくつかの場合が考えられる．

①　同じ測定を何度か繰り返して得られたデータ群から評価した１つの測定値であれば，式 (15.9) に従って最良推定値（平均値）に誤差（SDOM）の分のエラーバーを書き加えて表示する．

②　同じ測定を非常に多くの回数繰り返して正規分布が十分予想される測定方法であることがわかっている場合，何回か測定して得られた測定値から標準偏差（SD）を求めておく．さらにもう１回の直接測定を行って得られた測定値に対して，先程の SD のエラーバーを書き加えて表示する．

③　間接測定で得られた測定値は，誤差の伝播の規則に従って誤差を評価し，その結果を元にして上記の①または②の方法でエラーバーを表示する．

非常に多数の類似した標本の品質検査などでは②の方法が使えるが，一般的な計測実験では，多くの場合①の方法が適切と考えられる．なお，平均値や SDOM などにしても計算で求める必要があるので，有効数字の扱いなどは上述したものに従うとよい．

エラーバーを表示する際，とりあえず複数回測定実験を行い，測定値の平均値を中心に置き，測定値の最大値と最小値を両端とする広がりを単純に表示したものでは，データのバラツキを反映した統計的な判断が下されているとはいえず，グラフを理解する上では注意が必要である．いずれにしても，図示したエラーバーがどのような根拠のもとに得られたものであるかがはっきりわかるようにしておくことが重要である．

データごとにエラーバーがつけられていたとしても，多くの測定点を横切って１本の直線あるいは曲線を引く操作を目見当で行うと，せっかくの測定実験の精度をそこなう結果となる場合がある．そのような視覚での手作業に代わるものとして回帰分析がある．曲線に当てはめる非線形な手法もあるが，線形回帰分析である最小二乗法はデータ処理に最も広く用いられている有効な統計的手法である．方法の詳細ははぶくが，系統誤差の影響が無視できないような測定値を解析するには，一般に最小二乗法は適切でない．なお，データがガウス分布に従わない場合にはロバスト解析などが用いられる．

15.3　統計的手法によるデータ解析と実験計画

同じ量を同じ方法や装置によって繰り返し測定したとしても，得られた測定値

15.3 統計的手法によるデータ解析と実験計画

は多少なりともバラツクものであり，この測定値のバラツキから逆に真の値についての情報を得ることができることについて述べてきた．そうした誤差解析が可能であるのは系統誤差を含まず，偶然誤差のみを含む測定値の出現の仕方がおもに正規分布によって特色づけられるためである．計測実験という作業は無限母集団から計測によって標本化された測定値を通じて，その母集団（つまり測定対象）の特徴や母集団に関する法則を推測する標本調査と考えることができる．したがって，標本調査の中心課題である

「推定」の問題：得られた標本が任意標本となるような母集団の分布はどのようなものか（推定値の信頼度の評価）

「検定」の問題：母集団分布として一定の形（統計的仮説）を予想したとき，得られた標本がこの母集団からの任意標本と認められるか（仮説の危険率あるいは有意水準の評価）

を検討することにより，標本である測定値の誤差原因や信頼性について知見を得ることができる．しかし，ここではそうした統計的推測と検定の問題は扱わず，前提となる大量のデータをどのように扱い整理すればよいのか，また，整理されたデータを誤差解析に活かすために計測実験をどのように計画したらよいかについて触れる．

15.3.1 統計手法によるデータ整理

統計的推測のような母集団全体のもつ特徴や母集団に関する法則を調べるときに用いる統計処理は，測定データを測定対象がもっている性質が反映した測定値群とみなすことにより，同様に扱うことができる．ある対象について測定した結果として得られた測定値群があるとき，それを整理してデータ（資料）全体に通ずる性質（例えば，母集団の平均値の真の値）を正しく求める上で重要なのは，資料の正しい集め方（測定の仕方つまりサンプリング，データの処理の仕方，データの読み方）と集めた資料から全体の性質を測定する方法（統計的なデータ処理）である．

計測によって集めた定量的なデータ集団全体（変量）の分布の様子がよくわかるようにするためには，変量の値をいくつかの「階級」に分け，各階級内に変量の値が何回現れるかを示す「度数」を整理した「度数分布表」を作成すると都合がよい．統計資料を分類して度数分布表を作るときには階級の幅を適当な大きさにとることが大切であって，あまり大きくしたのでは分類の意味がないし，また

あまり小さく分けすぎて各階級に入る度数が小さくなると，度数分布が不規則となり，全体としての観察に適しなくなる．度数分布を柱状のグラフで表したヒストグラム，あるいはヒストグラムの各々の柱の上底の中点を順次に結んでできる度数分布多角形や，連続変量の場合の度数分布曲線など，必要に応じてグラフ化するのは有効である．しかし，グラフ化するだけでは定量的な取扱いには不十分なので，全体の分布状態の特徴を示すためには，平均や，分布の散らばり具合（バラツキの度合）を表す散布度を用いると都合がよい．散布度には最大・最小値の差，偏差，平均偏差，分散，標準偏差などがあるが，標準偏差は測定値と次元が同じで便利なため，これが通常用いられる．

Tea time　データマイニング

　スーパーやコンビニでお目当ての商品を手にして，ふと目をやった近くの陳列棚の別の商品を「ついでにこれも」と一緒に買ってしまった（買わされてしまった？）経験はないだろうか．

　売る立場からすれば，利益率の高い商品が売れ，売り上げ全体も伸びて，しかも顧客が満足感をもつような，客観的で確実な商品配置，経営戦略の確立，そして顧客の開拓に「生き残り，勝ち残り」をかけているわけである．どんな商品をどのように配置したらいいのか．経験や勘だけに頼るのではなく，POS（販売時点情報管理システム）などで集まった膨大なデータがうまく利用できたらと考えるのは当たり前であろう．そこで登場するのがデータマイニングと呼ばれる手法である．コンピューターに蓄積された膨大なデータの山から「ビジネスチャンスの金脈」を掘り出す（mining：掘る）といったイメージで，近年，ビジネスの世界を中心に広く関心を集めている．

　スーパーやコンビニのデータを分析（バスケット分析）して，例えば「金曜日の夕方，ビールと紙おむつを一緒に購入する男性サラリーマンが多い」といった「ルール」がわかれば，それらの商品を近くに置いて販売促進が図れる．また，クレジットカードの利用明細などのデータを分析すれば，年収が500万円の独身20代男性はこういったお金の使い方をする，などということがわかり，新しいサービスや金融商品の開発にも役立つわけである．

　データマイニングとは，数学的な一括処理でデータを集約する従来の統計解析手法をさらに進めて，「データの中に潜んでいる価値ある情報（知識）を掘り出し発見する」ことを目的とした大規模データに対応可能なデータ処理技術のことである．機械学習，統計学，人工知能（AI）などで培われた手法を，大量のデー

タに対しても高速に適用できるよう改良することは簡単なことではない．ハードウェア性能が向上し，ネットワーク環境が整備され，データベース問合せ最適化，アルゴリズムの開発，高速並列処理などの技術を駆使して，性能を大幅に改善する研究が米国を中心に1993年ごろからようやく盛んになり，「データマイニング」という技術分野が誕生した．

このような知識発見の手法は，「データマイニング/発見科学」として科学研究の分野でも注目されるようになり，ハイスループットの実験技術が普及してデータ量が急速に増大している生命科学や材料科学，地球科学などで「総合知識発見方法」としてのデータマイニングに期待が集まっている．

15.3.2 誤差解析と実験計画

Heisenbergの不確定性原理や量子論における確率的解釈などにより，もはや高精度の機器の利用や計測原理の精密化，計測技術の熟達などによって実験誤差は必要に応じていくらでも小さくすることができ，最終的になくすことができるものであると考えることは困難であることが明らかとなった．しかし，だからといって誤差を減らす努力が無意味であるはずはない．問題は目的に応じた精度の実現をいかに図るかということである．測定における誤差は必要な程度に小さければよく，極限の精度を必要としないことが多いものである．しかし，測定誤差に言及しなければ，測定結果は無意味なものとなってしまう．系統誤差を含まず，統計的な処理が可能な高い精度の測定値を得るのは容易なことではないが，誤差解析により意味のある解釈を行う上で必要不可欠である．

文　　献

紙面の都合や冗長性をさけるため取り上げたいくつかの内容について途中の証明を省略した．必要に応じて，以下の入門書を参照するとよい．

1) J. H. Taylor（林　茂雄，馬場　涼訳），計測における誤差解析入門，東京化学同人 (2000)．
2) 東京大学教養学部統計学教室編，自然科学の統計学，東京大学出版会 (1992)．

索　引

あ 行

アイリングプロット　88
アクセプター　44
アセトニトリル　24
アセトン　22
ab initio 分子軌道法　76
RS 表示法　102
アレニウスの式　85
アレニウスプロット　86
安定同位体　64

EHMO 法　138
イオン交換樹脂　126
イオン交換モード　129
イオン排除モード　129
イオン半径　71
イソプロピルエーテル　20
1 次情報　162
1 次相転移　36
1 次反応　82
一重項増感剤　99
移動相　124

HMO 法　137
HPLC　3
AM1　141
液晶　34
液体窒素　48
エタノール　21
エナンチオトロピック　38
NMR　66
エラーバー　177
塩化メチレン　19
塩橋　110

か 行

オクタデシルシリル化シリカゲル　126
ODS　126
オープンクロマトグラフィー　127

階級　179
回転の障壁エネルギー　75
解離定数　57
ガウス分布　170
過加熱　38, 44
可逆反応　82
拡散係数　119
拡散層　120
拡散律速　89
拡張ヒュッケル法　138
確率分布　171
確率密度関数　170
かご効果　89
ガスクロマトグラフィー　65
活性アルミナ　54
活性化エネルギー　85
活性化エンタルピー　88
活性化エントロピー　88
活性化自由エネルギー　88
活性錯体　87
活量　59, 115
活量係数　59
過電圧　114
加熱　48
ガラス電極　116
カラムクロマトグラフィー　124
過冷却　41, 44
カロメル電極　110
還元ピーク電位　121
還元ピーク電流　121

寒剤　48
緩衝液　63
乾燥剤　52
緩和　38
幾何異性体　36

危険率　179
ギ酸　22
ギ酸エチル　23
基準電極　110
キシレン　18
期待値　170
基底関数系　78
基底状態　97
起電力　112
逆相系　124
逆同位体効果　94
凝固点降下　34
共鳴エネルギー　79
共有結合半径　70
共融点　41
極限分布　171
銀-塩化銀電極　110
近似値　175

偶然誤差　168
クロマトグラフィー　124
クロロホルム　19

経験的分子軌道法　137
蛍光　98
蛍光 X 線分析　65
蛍光量子収率　99
計算化学　136
系統誤差　168
結合角　149

結合距離 149
結合の振動補正 74
結合の引っ張りばね定数 74
結晶多形 35
原系 85
検光子 34
検索の精度 163
原子価角 71
原子価角の曲げばね定数 74
原子間距離 71
原子タイプ 146, 149
検定 179
光学純度 107
項間交差 97
高速液体クロマトグラフィー 3
誤差 165
誤差解析 170
誤差の伝播 173
コットレル式 120
固定相 124
互変異性体 36

さ 行

サイクリックボルタンメトリー 117
再現率 163
最小二乗法 176
最尤性原理 171
最良推定値 167
酢酸 22
酢酸エチル 23
酢酸ブチル 23
座薬 46
酸・塩基 57
酸化アルミニウム 125
酸解離定数 58
酸化還元対 112
酸化体 112
酸化ピーク電位 121
酸化ピーク電流 121
3次情報 162
三重項増感剤 99
参照電極 110
散布度 180

残余電流 118

ジエチルエーテル 20
ジエチレングリコールジメチルエーテル 20
1,4-ジオキサン 20
式量電位 115, 119
ジグライム 20
ジクロロエチレン 19
支持電解質 117
N,N-ジメチルアセトアミド 24
ジメチルスルホキシド 25
N,N-ジメチルホルムアミド 24
ジャブロンスキーエネルギー状態図 97
重水素溶媒 66
充填カラムの種類 131
充填剤 124
充電電流 122
シュレーディンガーの波動方程式 136
準安定多形 45
順相系 124
純度 1
消光剤 99
蒸留 52
シリカゲル 125
シリコーン油 50
シリコーン油浴型融点測定器 32
振動緩和 97
信頼限界 172
信頼度 172

推定 179
水浴 50
スターク効果 78
スメクチック相 34

正確さ 168
正規分布 170
正常同位体効果 94
生成系 85
精度 168
精密さ 168

ゼオライト 56
石油エーテル 18
絶対誤差 168
摂動核相関 65
遷移状態 85
洗気瓶 55
線形回帰分析 176

掃引 116
増感剤 99
双極子モーメント 77
相図 38
相対誤差 167
測定誤差 165
速度定数 81

た 行

対極 111
多形現象 35
脱水速度 53
脱水容量 53
脱水力 53
単純和 175

逐次反応 82
中圧クロマトグラフィー 124
超強塩基 59
超強酸 59
調和融点 44
直線自由エネルギー関係 92

DL表示法 102
定常状態近似 84
定電位電解装置 111
ディーン-スターク管 30
デシケーター 54
データ整理 161
データマイニング 180
テトラヒドロフラン 20
デュワー瓶 48
電位 109
電位の走査 116
電解 114
電気陰性度 73, 77
電気化学 109

索　引

電気二重層　109, 118
電極電位　109
電子供与体　44
電子授受平衡　112
電子受容体　44
電子相関　78
電池　112

銅-亜鉛電池　114
同位体効果　93
同位体純度　66
透過係数　88
統計的仮説　179
動作電極　109
等方性液体　34
透明点　34
トーションポテンシャルパラメーター　75
度数　179
度数分布　180
ドナー　44
ドライアイス　48
トリエチルアミン　23
トリフルオロ酢酸　23
トリメチルシリル誘導体　3
トルエン　18
トレーサー　64

な　行

内部変換　97

2項分布　173
2次情報　162
2次相転移　36
2次同位体効果　95
2次反応　82
二重融解挙動　38
二乗和　175
ニトロベンゼン　25
ニトロメタン　25
二面体角　149

ねじれ角　149
ネマチック相　34

ネルンストの式　115, 119
濃度　5

は　行

排除限界分子量　134
幅のパラメーター　171
ハメット則　91
ハメット定数　91
ハメットの酸度関数　59
半経験的分子軌道法　138
反応座標　85
反応次数　81
反応速度式　81
半波電位　121
pHメーター　116
PM表示法　105
光吸収　98
非局在化　73
非局在化エネルギー　79
ピークセパレーション　121
非経験的分子軌道法　138
ヒストグラム　180
歪エネルギー　74, 76
比旋光度　105
PPP-PC Ver. 2.0　143
PPP法　140
ピペリジン　23
ヒュッケル分子軌道法　137
氷塩浴　48
標準試料　33
標準水素電極　110
標準生成ギブズエネルギー　111
標準電極電位　109, 113
標準偏差　171
氷水浴　48
標本調査　179
ピリジン　24
頻度因子　85
ファラデー電流　118
ファンデルワールス半径　69

フェノール　21
フェロセン　121
輻射遷移　97
t-ブチルアルコール　21
フックの法則　74
(±)表示法　101
フラッシュクロマトグラフィー　124
ブレンステッド酸・塩基　57
ブロックマンの活性度　126
2-プロパノール　21
分極　77
文献調査　162
分散力　69
分子軌道法　136
分子力学　76
分子量標準物質　133

平均値　170
平均値の標準偏差　172
並発反応　82
ヘキサメチルホスホルトリアミド　25
ヘキサン　18
偏光顕微鏡型融点測定器　32
偏光子　34
偏光性　105
ベンゼン　18
2-ペンタノン　23

ポアソン分布　173
芳香族性　80
放射性同位体　64
放射線化学反応　65
飽和カロメル電極　110
母集団　179
補助電極　111
保持力調整法　124
ポテンシオスタット　111, 117
ボルタモグラム　117
ボルタンメトリー　116

ま　行

無機塩浴　51

無輻射遷移　97

メスバウアー分光法　65
メタノール　21
メチルエチルケトン　22
N-メチルピロリドン　25
面積百分率法　2

モノトロピック　38
MOPAC　140
モレキュラーシーブ　56

や　行

有意水準　179
有効数字　166
融点測定　32

融点測定用標準物質　35
誘導期　82
油浴　50

溶液相転移　44
溶解度積　63, 114
溶解平衡　114
溶出力　128
陽電子消滅　65
溶媒強度パラメーター　128
予備乾燥　52
予備平衡　84

ら　行

ランダム誤差　168

離散変量　173
律速段階　84
量子収率　98
りん光　98

ルイス酸　59

冷却　48
冷媒　48
レドックス対　112
連続変量　173

ロバスト解析　178

編著者略歴

渡辺　正（わたなべ・ただし）
1948 年　鳥取県に生まれる
1975 年　東京大学大学院工学系研究科博士課程単位取得退学（76 年修了）
現　在　東京大学生産技術研究所教授
　　　　工学博士
主　著　『化学・意表を突かれる身近な疑問』（講談社ブルーバックス，2001）（共著）
　　　　『電気化学』（丸善，2001）（編著）
　　　　『電子移動の化学―電気学入門』（朝倉書店，1996）（共著）

化学者のための基礎講座 6
化学ラボガイド
定価はカバーに表示

2001 年 11 月 25 日　初版第 1 刷

編　者　社団法人 日本化学会
発行者　朝　倉　邦　造
発行所　株式会社 朝　倉　書　店
　　　　東京都新宿区新小川町 6-29
　　　　郵便番号 162-8707
　　　　電　話　03（3260）0141
　　　　F A X　03（3260）0180
　　　　http://www.asakura.co.jp

〈検印省略〉

© 2001〈無断複写・転載を禁ず〉

教文堂・渡辺製本

ISBN 4-254-14588-8　C 3343　　Printed in Japan

化学者のための基礎講座

日本化学会編集

企画委員　白石振作・西郷和彦・渡辺　正

化学研究にかかわる領域横断型・分野横断型のトピックスを，基礎からていねいに解説．

第1巻	科学英文のスタイルガイド	傅　遠津（Yuan C. Fu）著
		本体3200円
第2巻	化学のための数学	鋤柄光則 著
第3巻	化学実験とエレクトロニクス	北森武彦 他 著
第4巻	分光法の基礎	澤田嗣郎 他 著
第5巻	研究開発と知的財産権	伏見隆夫 著
第6巻	化学ラボガイド	渡辺　正 編著
第7巻	コンピューテーショナル・ケミストリー	山下晃一 他 著
第8巻	表面の原子レベル観測と制御	魚崎浩平 他 著
第9巻	有機人名反応	小倉克之 他 著
		本体3500円
第10巻	水素結合の化学	荒木孝二・加藤隆史 著
第11巻	電子移動の化学	渡辺　正・中林誠一郎 著
		本体3200円
第12巻	X線構造解析	大場　茂・矢野重信 編著
		本体3000円
第13巻	分離化学	拓殖　新 他 著
第14巻	光化学・光学の基礎と測定	池田富樹・伊藤新三郎 著
第15巻	生命化学	熊谷　泉 他 著

上記価格（税別）は 2001 年 10 月現在

水の蒸気圧 (単位＊hPa)

θ/℃	0	1	2	3	4	5	6	7	8	9
0	6.11	6.57	7.06	7.58	8.13	8.72	9.35	10.02	11.21	11.48
10	12.28	13.12	14.02	14.98	15.98	17.05	18.18	19.37	20.64	21.97
20	23.38	24.87	26.44	28.09	29.84	31.68	33.61	35.65	37.80	40.06
30	42.43	44.93	47.55	50.31	53.20	56.24	59.42	62.76	66.26	69.93
40	73.77	77.79	82.01	86.42	91.03	95.85	100.89	106.15	111.64	117.39
50	123.39	129.64	136.16	142.96	150.05	157.44	165.15	173.16	181.52	190.20
60	199.24	208.65	218.42	228.59	239.15	250.14	261.54	273.38	285.67	298.43
70	311.67	325.40	339.63	354.38	369.69	385.53	401.95	418.95	436.56	454.78
80	473.64	493.15	513.33	534.20	555.77	578.06	601.11	624.91	649.51	674.89
90	701.10	728.17	756.08	784.90	814.61	845.26	876.86	909.45	943.02	977.61
100	**1 013.25**	1 049.97	1 087.76	1 126.69	1 166.76	1 207.99	1 250.43	1 294.08	1 338.98	1 385.17

＊数値を atm および mmHg (Torr) に換算する場合、それぞれ 9.869×10^{-4} および 0.7501 をかける。